日本音響学会 編

音響入門シリーズ A-1

音響学入門

工学博士	鈴木　陽一	工学博士	赤木　正人
工学博士	伊藤　彰則	博士(工学)	佐藤　洋
博士(工学)	菅木　禎史	博士(工学)	中村健太郎

共著

コロナ社

音響入門シリーズ編集委員会

編集委員長

鈴木　陽一（東北大学）

編 集 委 員 （五十音順）

今井　章久（東京都市大学）　　岩宮眞一郎（九州大学）

大賀　寿郎（芝浦工業大学名誉教授）　城戸　健一（東北大学名誉教授）

須田　宇宙（千葉工業大学）　　平原　達也（富山県立大学）

誉田　雅彰（早稲田大学）　　三井田惇郎（千葉工業大学名誉教授）

宮坂　榮一（東京都市大学）　　矢野　博夫（千葉工業大学）

（2011 年 2 月現在）

刊行のことば

われわれは，さまざまな「音」に囲まれて生活している。音楽のように生活を豊かにしてくれる音もあれば，騒音のように生活を脅かす音もある。音を科学する「音響学」も，多彩な音を対象としており，学際的な分野として発展してきた。人間の話す声，機械が出す音，スピーカから出される音，超音波のように聞こえない音も音響学が対象とする音である。これらの音を録音する，伝達する，記録する装置や方式も，音響学と深くかかわっている。そのために，「音響学」は多くの人に興味をもたれながらも，「しきいの高い」分野であるとの印象をもたれてきたのではないだろうか。確かに，初心者にとって，音響学を系統的に学習しようとすることは難しいであろう。

そこで，日本音響学会では，音響学の向上および普及に寄与するために，高校卒業者・大学1年生に理解できると同時に，社会人にとっても有用な「音響入門シリーズ」を出版することになった。本シリーズでは，初心者にも読めるように想定されているが，音響以外の専門家で，新たに音響を自分の専門分野に取り入れたいと考えている研究者や技術者も読者対象としている。

音響学は学際的分野として発展を続けているが，音の物理的な側面の正しい理解が不可欠である。そして，その音が人間にどのような影響を与えるかも把握しておく必要がある。また，実際に音の研究を行うためには，音をどのように計測して，制御するのかを知っておく必要もある。そのための背景としての各種の理論，ツールにも精通しておく必要がある。とりわけ，コンピュータは，音響学の研究に不可欠な存在であり，大きな潜在性を秘めているツールである。

このように音響学を学習するためには，「音」に対する多角的な理解が必要である。本シリーズでは，初心者にも「音」をいろいろな角度から正しく理解

ii 　刊 行 の こ と ば

していただくために，いろいろな切り口からの「音」に対するアプローチを試みた。本シリーズでは，音響学にかかわる分野・事象解説的なものとして，「音響学入門」，「音の物理」，「音と人間」，「音と生活」，「楽器の音」の5巻，音響学的な方法にかかわるものとして「ディジタルフーリエ解析（I）基礎編，（II）上級編」，「電気の回路と音の回路」，「ディジタル音響信号処理入門－Pythonによる自主演習－」の4巻（計9巻）を継続して刊行する予定である。各巻とも，音響学の第一線で活躍する研究者の協力を得て，基礎的かつ実践的な内容を盛り込んだ。

　本シリーズでは，CD，またはWebサイトに各種の音響現象を視覚・聴覚で体験できるコンテンツを用意している。また，読者が自己学習できるように，興味を持続させ学習の達成度が把握できるように，コラム（歴史や人物の紹介），例題，課題，問題を適宜掲載するようにした。とりわけ，コンピュータ技術を駆使した視聴覚に訴える各種のデモンストレーション，自習教材は他書に類をみないものとなっている。執筆者の長年の教育研究経験に基づいて制作されたものも数多く含まれている。ぜひとも，本シリーズを有効に活用し，「音響学」に対して系統的に学習，理解していただきたいと願っている。

　音響入門シリーズに飽きたらず，さらに音響学の最先端の動向に興味をもたれたら，日本音響学会に入会することをお勧めする。毎月発行する日本音響学会誌は，貴重な情報源となるであろう。学会が開催する春秋の研究発表会，分野別の研究会に参加されることもお勧めである。まずは，日本音響学会のホームページ（https://acoustics.jp/）をご覧になっていただきたい。

2022年8月

一般社団法人　日本音響学会 音響入門シリーズ編集委員会

編集委員長

ま え が き

　音。私たちの暮らしになくてはならない大切なもの。そして音響学。その音の性質や役割をさまざまな観点から調べ，暮らしへの応用を考えて聞く学問。

　私たち著者は，その「音」と「音響学」に強い愛着と興味をもち，研究と教育を進めている者たちである。その魅力をできるだけたくさんの人々に伝えたい。この本は，そんな私たちの思いのもとに書かれている。

　音響学は近代まで物理学の一部として発展してきたが，現在では，たいへん広い領域に発展している。例えば，通信や電気・電子，機械，建築などのさまざまな工学，情報学，医学，生理学，脳科学，心理学，音楽学など，さまざまな分野で研究されている。また，これらの分野を横断した形の音響学の研究も盛んである。現代の音響学は実に学際的であるといえる。

　そこで，この本の執筆にあたっては，理工系には限らず，文系や音楽系，メディア系など，さまざまな分野の，大学1，2年生，高専の3，4年生，専門学校生でも無理なく読めることを目標とした。そのため，この本は，高校1年生程度の数学の知識さえあれば，物理学などは学んでいなくても読めるように注意して書いてある。少しだけ補足が必要と思われる，数学や物理学，単位の知識については付録で補ってある。

　第Ⅰ部（縦糸編）の1章から7章では，音響学を6分野に分け，極力数式を使わずに，しかし，現代の音響学のおもしろさと奥深さが伝わるように書いてある。まず1章では，音響学の基本中の基本を学ぶ。2章は音の聞こえを支える聴覚について，3章はスピーカやマイクロフォンなどの音響機器について，4章は音声の性質やコンピュータと音声の関わりについて，5章は音楽に関連した音響学について，6章は室内の音響や騒音など暮らしとの関わりについて，7章は生活のさまざまな場面で役立っている超音波について記してある。

iv　ま　え　が　き

これら7章は，音響学の縦糸といえよう。また，音響学が身近なものと感じてもらえるよう，われわれの生活に不可欠なものともいえる携帯電話との関連に努めて触れるようにした。2章から7章は，順番に読んでいく必要はない。まずは，おもしろそうと感じた章を拾い読みしてもらうのもよいだろう。

また，第II部（横糸編）の8章と9章では，音に関する物理学と，現代の音響学の発展を支えるディジタル信号処理について，それぞれの基本をわかりやすく記した。いずれも音響学の全分野に関係した，横糸的な内容となっている。これらの章では，説明上ある程度の数式を用いているが，もし，数式が苦手であれば，数式を飛ばして文字のところだけでも読んでも筋道がわかるように書いてある。音響学をもう少し深く学びたい人はもちろん，すべての読者に，ぜひ，読んでみてほしい。

また，本文の理解を助けるために，さまざまな音や映像が含まれたマルチメディアコンテンツを用意している。ぜひ，有効に活用してほしい。

この本は，音響入門シリーズの最も基礎的な本として，音響学の全分野を網羅するように企画された。本書を読み終えれば，音響学を専門的に学ぶ力や，音響学のさまざまな本が読める力がついているはずである。

音響学の現代的な全体像を簡単にわかりやすく書こうとして，私たちが目次案の打ち合わせをもったのは，もう5年も前のことである。それから，だいぶ時間がたってしまった。この間，何度も執筆合宿を繰りかえして，文章案を練りあげた。そのかいあって，ねらいに近い本ができあがったように思う。

この間，日本音響学会の編集委員会の委員のみなさん，コロナ社，私たちの職場の仲間たち，そして何よりも家族の応援は心強いものだった。また，鈴木萌さんの挿絵は，すてきなアクセントとなった。マルチメディアコンテンツがこのように充実したのも多くの方々の協力のたまものである。この本がこうして発行できるのも，これら皆さんのおかげであり，著者一同，心から感謝している。この本が，音響学に興味を寄せる人の一助となり，また，読者の中から次の世代の音響学を支える人が出てくることを心から念じている。

2010年錦秋　　　　　　　　　　　　　　　　　　　　　　著者一同

目　　　次

第Ⅰ部―縦糸編―（1章～7章）

1.　ピタゴラスから携帯電話までの音響学

1.1　私たちの暮らしと音……………………………………………………2
1.2　音響学の変遷と展開……………………………………………………3
1.3　現代の音響学……………………………………………………………7
1.4　音響学，その基礎の基礎………………………………………………8
　1.4.1　音　と　音　波………………………………………………8
　1.4.2　音の伝搬によって生じる現象………………………………10
　1.4.3　音の強さのレベルと音圧レベル……………………………13
　1.4.4　音とその周波数スペクトル…………………………………15
　1.4.5　聴覚の感度特性を考慮した音のレベルの表現法…………19

2.　音を聞く仕組み

2.1　音源方向の知覚…………………………………………………………23
　2.1.1　音源の方向と左右耳の強度差………………………………23
　2.1.2　音源の方向と左右耳の時間差………………………………24
　2.1.3　音の到来方向と頭部での反射………………………………24
　2.1.4　ヒトの方向定位能力…………………………………………26
2.2　聴覚を支える聴器………………………………………………………26
　2.2.1　外　　　　　耳………………………………………………27
　2.2.2　中　　　　　耳………………………………………………28
　2.2.3　内　　　　　耳………………………………………………29
　2.2.4　脳　　　　　幹………………………………………………31
　2.2.5　中脳および聴覚野……………………………………………36
2.3　聴覚による知覚…………………………………………………………36
　2.3.1　ラウドネスの知覚……………………………………………37
　2.3.2　マ ス キ ン グ…………………………………………………37

vi   目　　　　　次

2.3.3　聴覚フィルタと臨界帯域…………………………………38
2.3.4　音の高さ知覚のらせん構造とピッチ…………………39
2.3.5　音　　　　色…………………………………………………41

2.4　音の選択的聴取……………………………………………………42

2.4.1　カクテルパーティ効果……………………………………42
2.4.2　時間軸上の現象（イベント）の取得…………………42
2.4.3　音　脈　の　形　成…………………………………………43

2.5　難　　　　　　聴…………………………………………………44

3.　音の収録と再生

3.1　音から電気信号への変換―マイクロフォン―…………………47

3.1.1　マイクロフォンの仕組み…………………………………47
3.1.2　マイクロフォンの電気特性………………………………53
3.1.3　指　向　特　性………………………………………………54

3.2　電気信号から音への変換…………………………………………57

3.2.1　スピーカの動作原理…………………………………………57
3.2.2　スピーカの再生周波数帯域とマルチウェイスピーカ…60
3.2.3　スピーカエンクロージャ……………………………………62
3.2.4　ヘッドフォン…………………………………………………63

3.3　音を楽しむためのシステムと信号処理方式……………………65

3.3.1　音の方向感の制御に基づく技術…………………………66
3.3.2　聴取点における音圧の制御に基づく技術………………67
3.3.3　空間的な音場の制御に基づく技術………………………68

3.4　音を分離する技術…………………………………………………70

4.　音声の発話と認識

4.1　音声の発話…………………………………………………………75

4.1.1　声　帯　と　声　道…………………………………………75
4.1.2　音声の波形とフォルマント………………………………77
4.1.3　音　韻　と　音　素…………………………………………80

4.2　音声の符号化………………………………………………………81

4.2.1　音声の符号化とは……………………………………………82
4.2.2　PCM と ADPCM……………………………………………82
4.2.3　線形予測による符号化………………………………………85

目　　次　vii

4.3　音声合成・認識・対話………………………………………88

4.3.1　音 声 の 合 成………………………………88
4.3.2　音 声 の 認 識………………………………90
4.3.3　音声の理解と応用システム…………………93

4.4　音 声 の 知 覚…………………………………………94

4.4.1　言語，パラ言語，非言語………………………95
4.4.2　音声の「聞こえ」を測る………………………95
4.4.3　音 素 の 知 覚………………………………95
4.4.4　単語と文の知覚…………………………………97
4.4.5　音声のパラ言語情報の知覚……………………99
4.4.6　音声の非言語情報の知覚………………………99

5.　音 楽 と 音 響

5.1　音の響きあいと音律……………………………………103

5.1.1　響きあう音の条件………………………………103
5.1.2　音　　　　律……………………………………104

5.2　楽　器　の　音…………………………………………108

5.2.1　楽器が音を出す仕組み…………………………108
5.2.2　楽器から出る音の特徴…………………………110

5.3　音楽の情報処理…………………………………………113

5.3.1　音 を 作 る…………………………………114
5.3.2　音を聞き分ける…………………………………115

5.4　音楽の符号化と伝送……………………………………116

5.4.1　CD 　の　音………………………………117
5.4.2　高能率音楽符号化………………………………117
5.4.3　CD を超える音…………………………………119

6.　暮らしの中の音

6.1　音の伝搬と室内音響……………………………………122

6.1.1　直接音と反射音…………………………………122
6.1.2　壁による反射と吸音……………………………122
6.1.3　残響音と残響時間………………………………123
6.1.4　インパルス応答の測定…………………………125

6.2　室内音響の評価と設計…………………………………126

viii　　目　　　次

　6.2.1　室内音響の評価……………………………………………126
　6.2.2　壁面の形と反射音……………………………………………126
　6.2.3　壁面の凹凸と反射音…………………………………………127
　6.2.4　室　形　と　響　き………………………………………127
　6.2.5　響きのコントロールと音響設計……………………………128

6.3　騒　　　　　音…………………………………………………131

　6.3.1　騒　音　と　は………………………………………………131
　6.3.2　騒　音　の　分　類…………………………………………133
　6.3.3　騒　音　の　測　定…………………………………………133
　6.3.4　騒音のオクターブバンド分析………………………………136

6.4　騒音の伝搬と遮音………………………………………………137

　6.4.1　壁　の　遮　音　性　能……………………………………137
　6.4.2　隣室間の音の伝搬……………………………………………138
　6.4.3　固　体　音　の　伝　搬……………………………………139
　6.4.4　床　衝　撃　音………………………………………………139

6.5　屋外における騒音………………………………………………140

　6.5.1　屋外における騒音の伝搬……………………………………140
　6.5.2　屋外騒音の評価と規制基準…………………………………141

6.6　よりよい音環境をめざして……………………………………141

　6.6.1　静けさの確保…………………………………………………141
　6.6.2　シグナルとしての「騒音」…………………………………142
　6.6.3　子育て，教育と音空間………………………………………143
　6.6.4　高齢者および障害者のための音環境………………………143

7.　超　　音　　波

7.1　超音波の特徴……………………………………………………146

　7.1.1　超　音　波　の　定　義……………………………………146
　7.1.2　縦波超音波と横波超音波……………………………………146
　7.1.3　直進性と高強度の利用………………………………………148

7.2　超音波の発生と検出……………………………………………148

　7.2.1　発生方法・超音波トランスデューサ………………………148
　7.2.2　検　出　方　法………………………………………………153

7.3　超音波の計測応用………………………………………………154

7.4　超音波のパワー応用……………………………………………160

　7.4.1　超音波キャビテーション……………………………………160

| | 目　　　　次 | ix |

7.4.2　音響放射力と音響流……………………………………………160
7.4.3　非線形現象とパラメトリックスピーカ………………………162
7.4.4　大きな振動加速度と振動応力の効果…………………………163

7.5　超音波応用デバイス……………………………………………………165

7.5.1　高周波フィルタ，弾性表面波フィルタ………………………165
7.5.2　振動ジャイロ，センサ技術……………………………………166
7.5.3　圧　電　ト　ラ　ン　ス…………………………………………166
7.5.4　超　音　波　モ　ー　タ…………………………………………167
7.5.5　光　　学　　素　　子……………………………………………169

第Ⅱ部―横糸編―（8章，9章）

8.　音　の　物　理

8.1　ばねとおもりの振動………………………………………………………171
8.2　共　　　　　　　振………………………………………………………175
8.3　伝　わ　る　振　動………………………………………………………178
8.4　音　　　　　　　速………………………………………………………180
8.5　空　気　中　の　音　波…………………………………………………181
8.6　音波の波動方程式とその解………………………………………………185
8.7　音響インピーダンスと音の反射・透過…………………………………188
8.8　音の伝わり方の性質………………………………………………………191
8.9　固　体　中　の　振　動…………………………………………………197
8.10　共振と固有モード………………………………………………………202

9.　音のディジタル信号処理

9.1　アナログ・ディジタル変換とディジタル・アナログ変換………………206
9.2　離散フーリエ変換…………………………………………………………210

9.2.1　フ　ー　リ　エ　級　数…………………………………………211
9.2.2　フーリエ級数の離散化…………………………………………215
9.2.3　高速フーリエ変換………………………………………………217

9.3　窓　　関　　数……………………………………………………………219
9.4　インパルス応答とたたみ込み演算………………………………………223

9.4.1　インパルス応答…………………………………………………223

x	目　　　次	

9.4.2　たたみ込み演算‥‥‥‥‥‥‥‥‥‥‥‥‥‥‥‥‥‥‥‥‥‥‥224

9.5　ディジタルフィルタ‥‥‥‥‥‥‥‥‥‥‥‥‥‥‥‥‥‥‥‥‥‥‥227

9.5.1　非再帰型ディジタルフィルタ‥‥‥‥‥‥‥‥‥‥‥‥‥‥‥‥‥227

9.5.2　非再帰型ディジタルフィルタの実例‥‥‥‥‥‥‥‥‥‥‥‥‥‥228

付　　　録‥‥‥‥‥‥‥‥‥‥‥‥‥‥‥‥‥‥‥‥‥‥‥‥‥‥‥‥‥‥‥230

索　　　引‥‥‥‥‥‥‥‥‥‥‥‥‥‥‥‥‥‥‥‥‥‥‥‥‥‥‥‥‥‥‥239

マルチメディアコンテンツについて

　2011 年の初版 1 刷発行時には，画像や音などを収録した CD-ROM 付の書籍として発行しました。2025 年現在では，CD-ROM などを読み込む光学ドライブがないノートパソコンが主流となっており，読者（ユーザー）の便宜を考慮し，CD-ROM のマルチメディアコンテンツを Web からダウンロードする方法に変更することとしました。

マルチメディアコンテンツのダウンロードは以下の URL より行ってください。

　https://www.coronasha.co.jp/static/download/01312/ 音響学入門 .iso

　ID：corona　　パスワード：510411

ダウンロードした「音響学入門 .iso」をダブルクリックで開きます。

フォルダ内の　index(.html) をダブルクリックすると，Web ブラウザが開き，使い方の説明を含むページを見ることができます。

　「音響学入門」を読んで学習するうえで役に立つ画像，音，映像などが収録されています。本文を読み進めながら，ぜひいろいろな音を実際に体験してみてください。関連するマルチメディアコンテンツがある場合には，本文中に❤のマークを用いてそのコンテンツへの参照があります。また，すべてのマルチメディアコンテンツには，本文中で対応する箇所が明記されています。

*　すべてのコンテンツの著作権は日本音響学会および著者に帰属し，著作権法によって保護され，この利用は個人の範囲に限られます。また，ネットワークへのアップロードや他人への譲渡，販売，コピー，改変などを行うことは一切禁じます。

*　ダウンロードしたデータなどを使った結果に対して，コロナ社，製作者は一切の責任を負いません。また使い方に対する問い合わせには，コロナ社は対応しません。

第Ⅰ部 ―縦糸編―

1 ピタゴラスから携帯電話までの音響学

おや，携帯電話の着信メロディが鳴り始めた。電話のようだ。

が，ちょっとうるさい。やかましい音はないほうがよいけれど，さりとて音がないのも困る。音声は人と人とのコミュニケーションの基本なのだから。それに，音楽のない世界は寂しそう。この携帯電話も，音楽機能が充実しているのが，選んだ一つの理由だった。でも，逆に，うるさい騒音は困る。電話の声や音楽も雑踏の中だと聞こえにくくなる。これも耳の中の仕組みと関係がある。

携帯電話は，少し古風ないい方だと無線機の一種。必要な電波だけを選び出すのに超音波が使われている。つまり音はそんなところでも役立っている。

声，音楽，騒音，超音波，これらはみんな音。そう考えると，音は不思議だ。それに，よきにつけ，あしきにつけ，大事なものでもある。そんな音が学問の対象になったのは何千年も前にさかのぼる。そして，近代の物理学の発展とともに発展した。それが音響学。

この本では，9章にわたって音響学の不思議をひもといていく。この章では，その第一歩として，音響学の発展を簡単にではあれ調べてみよう。その後で，この本を読み進めていくのに必要な音響学の基礎の基礎を説明していくことにしたい。

1.1 私たちの暮らしと音

　音が，私たちの暮らしのいたるところで，とても大切な役割を果たしていることは，だれしも認めるところだろう。音は，音楽の形で私たちの生活を豊かにし，音声の形で私たちのコミュニケーションを支え，とても大切な存在である。その一方，騒音として，ときに私たちのやっかいものになることもある。騒音は，古来から社会の環境問題となってきた。このように音は，暮らしと密接に結びついていることもあって，古くから科学者の好奇心を引き寄せてきた。この，音を科学として取り扱う学術分野を**音響学**（**acoustics**）という。音響学が，私たちの暮らしと深く結び付いている身近な学問であることは，今や私たちの生活を支える機器といえる携帯電話を例にとるとよく理解できる。これを使って，例えば離れた人どうしが快適に通話できる影には，音響学が随所に生きているのだ。

　携帯電話の原点である「電話」としての機能には，音を電気信号に変えるマイクロフォン，逆に電気信号を音に変えるスピーカあるいはレシーバが重要な役割を果たしている。これらの装置（デバイス）は**電気音響変換器**と呼ばれ，音響学の成果が随所に生かされている。また，電気信号に変換された音声をなるべく効率よく（つまり，少ない情報量で）伝送する符号化方式の開発には，音声の生成の仕組みや知覚，認知の仕組みの研究と，それを生かすディジタル信号処理の研究が欠かせない。携帯電話は電波を使って音声信号を送受信する。電波を混信なく取り出すために，弾性表面波（レイリー波）と呼ばれる超音波を利用した部品（弾性表面波フィルタ）が広く使われている。

　また，騒音がうるさくて電話がとても聞き取りにくいときがある。騒音があるとなぜ聞き取りにくくなるのだろう。それを理解するには聴覚の仕組みの研究が欠かせない。聴覚の仕組みと音の性質をよく知って信号処理を施すことによって，邪魔な騒音を取り除いたり，逆に，音声を強めたりして明瞭に音声を聞き取れるようにする技術の開発も進んでおり，このような機能が載っている

携帯電話も多くなってきた。

　携帯電話で音楽を楽しんでいる人も多いだろう。ピタゴラスの時代から，音階の決定などには音響学の知識が用いられてきた。楽器の音の研究はもちろん音響学の一分野である。携帯電話の音楽機能には，音楽を効率的に，しかし元の音質をなるべく損なわないようにディジタル符号化する技術や音質のよいヘッドフォンなど，最新の音楽音響や聴覚科学，ディジタル信号処理，電気音響学などの研究成果が生かされている。

　携帯電話一つとってみても，音が，会話や音楽を支える大事な**メディア**（情報を伝達する媒体）であることが理解できる。映画やテレビ放送などのように，一見すると映像が主たる役割を果たしているようにみえる場合でも，音のないテレビを想像すればすぐ理解できるように，音はきわめて重要な役割を果たしている。これらのシステム作りにあたって，音響学の役割は大きい。オーディオ機器はもちろんのこと，外国語を効率よく学ぶ方法の研究や，補聴器，コンサートホールをはじめとする公共空間の音環境作りなどにも，音響学は大事な役割を担っている。

　また，このように直接音を聞き取る使いみちだけではなく，聞くことを目的としない音（超音波）も，例えば，ビデオカメラの手ぶれ防止機能を支える超音波ジャイロや，カメラの自動焦点調節用の超音波モータ，医療用の超音波診断装置，魚群探知機など，暮らしのそちこちで活躍している。

　それでは，これらを支える学問である音響学は，いつごろどのような形で生まれ発展してきたのだろうか。次に，それを見てみることにしよう。

1.2　音響学の変遷と展開

　1.1節で述べたように，音が暮らしの身近にあり，コミュニケーションや娯楽に大切な役割を果たしていることから，音は昔から，人々の興味，そして学問の対象となってきた。例えば，ピタゴラスなどは，弦の張りを一定に保ったまま，元の長さの1/2や2/3，3/4など簡単な分数の長さにすると，元の音

とよく響きあうことを解き明かしている．しかし，古代の人は，音を近代の物理学で表されるような波動現象と理解してはおらず，音声，音楽，信号，警報などの伝送手段と考えていたと思われる．これは，音を現代のように，情報を運ぶ媒体（メディア）と見なしていたことになり，とても興味深いことである．古代にも音は空気によって伝わると考えた者もいたが，ルネサンスの後でも音と空気の関係を否定する者は少なからずおり，それが決着したのは17世紀のボイルの実験によってであった．

その後，17世紀の物理学の発展とともに，音への理解が進んでゆく．**図1.1**は，この音響学の確立に大事な役割を果たした科学者たちの年代と貢献を示した年表である．

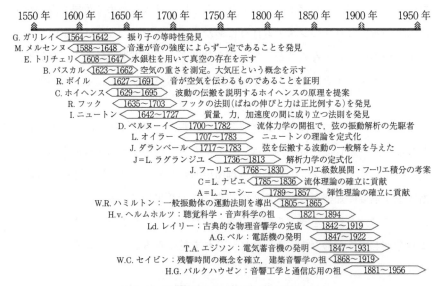

図1.1 音響学の確立に貢献した科学者たち

ガリレイが振り子の等時性を明らかにしたとき，振動が科学の対象になったといってよいだろう．音が空気中の振動の伝搬であることを考えるとき，近代的な音響学の原点はガリレイにあるといってよいと思われる．

その後，図にあるように，メルセンヌ，トリチェリ，パスカル，ボイル，

1.2 音響学の変遷と展開　　5

フック等の努力によって，空気というものの存在と性質が明らかになり，圧力
や弾性の理解が進んでいった。また，ホイヘンスが波動の性質を明らかにし，
ニュートンによって古典的な力学が完成した。このようにして，音は空中の波
動現象であることが明らかになっていき，物理学としての音響学（**物理音響学**
という）の一番基礎的な部分は 17 世紀末までに確立したといってよい。ここ
で，かつて哲学だった音響学は，自然科学（物理学）の一部として発展するこ
とになった。

　さらに，18〜19 世紀になると数学の進歩ともあいまって，弦を伝搬する波
動，振動体の運動法則，弾性体の理論などが体系化され，物理学としての音響
学が次第に確立されていった。また，フーリエは，音信号だけではなくさまざ
まな信号の解析に用いられている**フーリエ変換**の基礎となる数学を考案した。

　現在，音響学は，物理学や工学のみならず，医学，生理学，心理学などさま
ざまな学問と関わりをもつ学際的な学問として発展している。その祖はヘルム
ホルツに求められるであろう。ヘルムホルツは，**ヘルムホルツ共鳴器**として物
理学としての音響学に名を残しているのみならず，聴覚系が音を分析する仕組
みを始めとした聴覚生理学に関する研究や，母音合成法の開発などさまざまな
研究を行った。

　物理学の一翼としての音響学は，このような先達の努力によって 19 世紀末
ころまでに基本的な完成を見たといえよう。その象徴的なでき事が，レイリー
卿が病気療養中に執筆し 1877 年から 78 年にかけて発行された **The Theory
of Sound** である。この本によって古典的な物理音響学はある意味完全に記述
されたといわれている。

　この年，1877 年と 1878 年は，音響学が別の意味で大きな変化を遂げた年で
ある。1877 年にはベルにより電話が発明され，1878 年にはエジソンにより電
気蓄音機が発明されている。くしくも，物理音響学が The Theory of Sound と
いう形でまとめられた年に，音響学は物理学から工学へと分野を広げたといえ
るであろう。通信工学やメディア工学における音響学の研究は，20 世紀初頭
からドレスデン工科大学で弱電工学（Schwachstromtechnik，現代的には通信

6   1. ピタゴラスから携帯電話までの音響学

工学，電子工学とでもいうべき学問領域）の研究を主唱したバルクハウゼン†
によりさらに進歩を遂げた。また，通信応用の研究は，超音波振動子の研究へ
と発展し，これは，さらに，水中音響応用や医用応用など，音響学の新しい分
野を切りひらいた。また，セイビンは，自らが所属するハーバード大学の講堂
の音響特性の改善を考える中で，残響時間という概念を作り上げ，**建築音響学**
と呼ばれる音響学の一分野の創始者となった。これは，19世紀が20世紀に変
わりゆく頃のことである。

　その後，物理学的な現象としての音のみならず，音や音声が伝える意味内容
という観点からの研究も，ベル研究所のフレッチャーなどを主導者として発展
していった。20世紀も半ばになると，ウィーナーによって，通信や制御を機
械と生物に共通の原理で解き明かそうとする**サイバネティックス**が提唱され，
これが契機となって，情報学が確固たる学術分野として確立した。その中で，
音が情報を伝える媒体（メディア）であるということが改めて意識され，音響
学は，工学と情報学の融合領域としてさらに発展した。その結果，音声の知覚
や生成，さらには工学的な自動音声認識や音声合成などの技術が音響学の重要
な分野を占めるようになった。

　1960年代以降，音信号をディジタル化して取り扱う技術が急速に発展した。
その大きなきっかけとなったのは，1965年にクーリーとテューキーが，音の
みならずさまざまな信号の解析の基盤となっているフーリエ変換をきわめて効
率的に（したがって速く）計算できるアルゴリズムである，**高速フーリエ変換**
（**FFT**：fast Fourier transform）を発表したことである。音に関する**ディジタ
ル信号処理**の研究は，ディジタル信号処理の研究自体を先導する形で大きく発
展した。現在では，音のディジタル信号処理は，音響学のあらゆる分野に欠か
せない基盤技術となっている。

　日本における音響学の源流は，田中舘愛橘により始められた，東京帝国大学
（現在の東京大学）理学部における音響学であるといえよう。田中舘は，東大

---

†　聴覚における臨界帯域の単位 Bark（バルクあるいはバーク）としても名を残している。

一期生。物理学，地球物理学，航空学の創始者ともいわれ，1936年に創立された日本音響学会創立時の顧問でもあった。日本音響学会のれい明期の歴代会長である石本巳四雄，八木秀次，佐藤孝二らは，田中舘の系譜につながる者たちである。一方，1910年代後半に，当時マサチューセッツ工科大学で電気工学の教授を務め，若い頃エジソンに師事していたケネリーのもとに，日本から若い研究者3名が留学し，音響工学の研究に携わった。このうち，抜山平一と黒川兼三郎は，帰国後，それぞれ，東北大学の電気工学科と早稲田大学の電気科において音響学の研究を開始した。これらは，いわば，日本における音響工学の始まりといえよう。

1.3　現代の音響学

以上のような展開を見せてきた音響学の現代の姿を見てみよう。

ここで，音響学が対象とする音とは何か改めて考えてみる。音とは，狭い意味では，空気中を伝搬する波を指す。しかし，現代では，音響学の発展に伴う音への理解と応用の広がりから，音は広く気体，液体，固体を伝わる波を表す言葉となっている。音は，前にも述べたように，さまざまな形で私たちの周りに広がっており，したがって，いろいろな形で研究が進められている。例えば，音響学を専門とする学術団体である**日本音響学会**では，音響学を大きく次のように分類して学術発表などを行っている。

超 音 波：医療用，通信用など，聞くこと以外を目的とする音の科学と工学
音　　声：音声伝送や自動音声認識など音声に関する科学と工学
電気音響：スピーカ，マイクロフォン等の音響機器や，音のディジタル信号処理などに関する科学と工学
聴　　覚：音・音声の聞こえに関する科学と，補聴などの工学応用
音楽音響：楽器音響，電子音楽，音楽の認識などの科学と工学
騒音・振動：不要な音，聞きたくない音の計測や，評価，制御に関する科学と工学

8　　1.　ピタゴラスから携帯電話までの音響学

建築音響：室内で問題となる音を抑えたり，室内の響きを最適化して，よい
　音空間をつくるための科学と工学

　これらの大きなくくりによる分野のほかにも，水中における音の発生や伝
搬，その工学応用を研究する**水中音響学**，動物の音生成や音との関わりを研究
する**動物音響学**，音の化学的な作用を研究する**音響化学**，音を可視化する技術
の**アコースティックイメージング**，音と熱の間の変換現象と工学応用を研究す
る**熱音響変換**なども音響学の分野と考えられる。音に関する物理学の研究分野
は**物理音響学**といわれている。また，音は，身近にある物理現象であることか
ら，理科教育の大事かつ効果的な教材となる。大学などでは（この本がその教
科書であるように）音響学そのものを学ぶ人々も少なくない。このような音響
学の教育も，音響学の大事な一分野である。

　現代の音響学は，かつての物理学としてだけではなく，情報学，通信工学，
建築学，電気・電子工学，機械工学，医学，心理学，生理学，音楽学等々，さ
まざまな分野と複合・融合した，きわめて学際的な学問であるといえる。

1.4　音響学，その基礎の基礎

　本書では，次章以降，音に関する科学技術，すなわち音響学の基礎を音響学
の分野ごとに学んでいく。現代の音響学を理解するには，物理音響学と，信号
処理の知識が不可欠である。そこで，本節では，とりあえず次章以降を読み進
むために最小限必要不可欠で基本的な，音の物理的性質と，音を取り扱う際に
必要になる音の量の表し方や単位について述べていくことにしよう。

　なお，物理音響学と，信号処理については，第Ⅱ部（横糸編）である8章と
9章に，その間の章をとばして読める形でより詳しい説明が記してある。

1.4.1　音　と　音　波
　音とは気体，液体，固体などを伝わる振動である。音を伝えている物質を**媒**

質という。例えば，空気中を伝わる音であれば空気，水中を伝わる音であれば水が媒質である。音は媒質の振動，すなわち，空気であれば空気を構成する分子が粒子として振動し，その振動が空気中を伝わっていく現象である。また，媒質が振動することは圧力が変動することと見ることもできるから，音は，圧力変動が伝搬する現象と考えてもよい。媒質の動きは**粒子速度**，圧力の変動は**音圧**の形で表され，これらは音を表す基本的な量で，電気における電流と電圧に例えられる，表裏一体のものと考えられる。

　以下では，音として一番典型的と考えられる，空気（気体）が媒質である場合について，圧力変動の立場から見ていこう。海抜ゼロメートル付近の気圧，つまり，成層圏にまで及ぶ空気の層が地表面で発生する圧力は，約 1.013×10^5 Pa である。Pa（パスカル）は国際単位系（SI）における圧力の単位である。音響学では通常国際単位系に従った単位が用いられる。音は，大気圧のように変動しないと見せせる圧力，すなわち静圧に重畳される形で加わる圧力変動である。人間が聞き取ることのできる最小の音の圧力変化は約 2×10^{-5} Pa，通常の会話音がおおむね 10^{-2} Pa 程度であるので，空気中の音の圧力変動は，大気圧に比べ大変微小な振動である。

　空気中における音の発生原因は，おもに，①物体の振動，②空気の急激な膨張や収縮，③高速な空気の流れ（気流）や物体の高速移動，などである。音を発生させる源を**音源**という。

　すべての気体は，圧力を加えると体積が変化する**ばね**としての性質，すなわち，弾性を有している。気体はまた質量を有している。そのような気体の一部に振動を与えると，その点の近傍の部分の気体が，ばねとしての変形を起こし，その部分の気体の質量とあいまって，その隣の部分が振動する，というように順次振動が伝達される。このような振動の伝わりを一般に波動（波）と呼び，波動が伝わることを伝搬と呼ぶ。音は，気体（や液体，固体）を伝搬する波動であり，**音波**ともいわれる。

　音の伝搬に伴って空気の圧力が上下するということは，空気の密度が高くなったり低くなったりすることを意味する。いい換えると，空気の分子が密に

10   1. ピタゴラスから携帯電話までの音響学

存在する部分と疎になる部分が生じることになる。そのため，空気を伝搬する音のような波を**疎密波**と呼ぶ。

　音が伝搬する際の速度を**音速**と呼ぶ。音速は，温度，気圧，伝搬する媒質に依存して決まる。空気中における音速は，次式で近似される。

$$c = 331 + 0.6T \ \text{〔m/s〕} \tag{1.1}$$

ここで，Tは摂氏温度である（詳しくは8.5節参照）。したがって，気温が15℃の場合に約340 m/sとなる。

　一般に波動が1秒間に何回振動するかを**周波数**と呼び，単位は**Hz**（ヘルツ）である。音も同様である。したがって，周波数がf〔Hz〕で音速がc〔m/s〕の音の，空気中における波の繰り返し周期，すなわち，**波長**λ〔m〕は，次の式で表される。

$$\lambda = \frac{c}{f} \tag{1.2}$$

　音が伝搬すると，エネルギーが伝達される。音によって伝達される，単位面積，単位時間当りのエネルギー，いい換えると，単位面積当りのパワーを**音の強さ**と呼ぶ。音波として最も基本的な場合と考えられる，平面的に伝搬してゆく音（これを**平面波**という）の場合には，音の強さI〔W/m²〕と音圧pとは次の関係で結ばれている。

$$I = \frac{p^2}{\rho c} \tag{1.3}$$

ここで，ρは空気の密度〔kg/m³〕，cは音速〔m/s〕である。ここで，ρcは空気のもつ，音の媒質としての性質を表す量で，**比音響インピーダンス**と呼ばれる（特性音響インピーダンスと呼ばれることもある）。空気の比音響インピーダンスρcは，1気圧で室温の場合，およそ400 Pa·s/mである。

1.4.2 音の伝搬によって生じる現象

　音が空気中を伝搬する際に，他の波動と同様，減衰，反射，回折，屈折，拡散などいくつかの特徴的な物理現象が現れる。以下では，それらのうち，減

1.4 音響学，その基礎の基礎

衰，反射，回折について少し詳しく述べよう。

〔1〕**減　衰**　遠くにいる人と会話しようとするときには，自然と大きな声を出している。これは，遠くからの音が弱くなってしまうからであり，これを**減衰**という。減衰には二つの要因がある。

一つは，空気中の疎密による音エネルギーが伝搬の際に一部が熱エネルギーとなり，段々と音エネルギーが減少するものである。空気中を伝わる音では，周波数が高くなると無視できない要因となる。また，綿のような繊維質の材質や，細い管を伝わる場合には，音エネルギーが熱に変わりやすくなり，通常の空気を伝わる場合よりも減衰が大きくなる。

もう一つは，音源から出た音が広がっていくことに由来するものである。ある音源を取り囲むような閉じた面を考えると，上述のような熱エネルギーへの変化がない場合，どんな面をとっても，その面を貫いて出てゆくエネルギーはエネルギー保存則により一定になる。例えば，音源がきわめて小さく，点と見なせる場合を考えよう。このような音源を**点音源**という。点音源から単位時間当りのエネルギー，すなわちパワー P〔W〕の音が出ている場合を考えよう。音源が点であるため，音は，四方八方対称に球状に伝搬する（**図1.2**）。この場合，点音源から距離1mの球面を取っても，r〔m〕の球面を取っても，これらの面を貫く音のパワー総量は P である。したがって，半径1mの球面を通過する音の強さは，P をその表面積 $4\pi \cdot 1^2$ で割った値の $P/(4\pi)$，距離 r の球面については同様に $P/(4\pi r^2)$ となる。したがって，点音源から距離 r の点における音の強さを1mの位置における音の強さと比べて表すと，次式で表される大きさとなる。

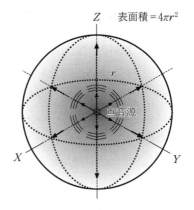

図1.2　点音源からの球面状の音波の広がり

12　　1.　ピタゴラスから携帯電話までの音響学

$$\left(\frac{P}{4\pi r^2}\right)\bigg/\left(\frac{P}{4\pi}\right)=\frac{1}{r^2} \tag{1.4}$$

この式は，点音源の音の強さが，距離の２乗に反比例して**距離減衰**することを示している。これを**逆２乗則**という。

　上の例のように，点音源から球状に放射される音は**球面波**と呼ばれる。これに対し，平面状に伝搬する音を**平面波**といい，この場合には，距離減衰はなく，音は，熱への転換がない限り，同じ強さのまま伝搬する。球面波であっても音源から遠く離れた音波は，ほぼ平面波と見なせる。

　〔2〕**反　射**　　遠くの建物や山などに向かって大きな声を出すと，しばらくしてから音のはね返りにより，山びこ（こだま）が聞こえる。このようなはね返りを**反射**といい，はね返った音を**反射音**という。また，お風呂で歌うと音が響いて心地よく聞こえる。このような音の響きは，音が室内の壁や床，天井などに次々と反射してしだいに小さくなっていくことにより生まれる。

　音が反射するとき，反射するエネルギー量は，壁などの反射面の材質によって異なる。そこで，ある面の反射のしやすさを表す指標として，次式で定義される**反射率**を用いる。

$$反射率=\frac{反射してくる音のエネルギー}{壁に入る音のエネルギー} \tag{1.5}$$

　また，反射面が柔らかい場合には，音の一部がはね返らずに壁に吸収されてしまう。このような現象を**吸音**と呼び

$$吸音率=\frac{壁に吸い取られる音のエネルギー}{壁に入る音のエネルギー} \tag{1.6}$$

を**吸音率**という。

　なお，反射面が波長よりも十分に大きく，その凹凸が波長に比べ十分小さく滑らかであると，光が鏡に当たったときのように幾何学的な反射を示す。これを**鏡面反射**という。

　〔3〕**回　折**　　高速道路に両脇に背の高い壁が設置されているところがある。これは，車両から出た音を道路端でさえぎり，近隣の騒音を低減する目的

で設置されているもので，**遮音壁**と呼ばれる（⬛6-G）。しかし，音の一部は，壁を回り込んで近隣の民家に届いてしまう。このように，音の進路の途中に妨害物があっても，それを回り込む形で音が伝搬していくことを**回折**という。回折の大小は，進路を妨害する物体の大きさ（上の例では遮音壁）と音の波長との関係に依存し，音の波長が長い場合，すなわち，周波数の低い音は回折しやすく，逆に，波長が短い，周波数の高い音は回折しにくい。音の反射と回折の様子を**図1.3**に示す。

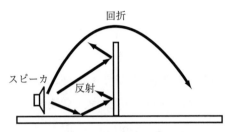

図1.3 音の反射と回折

1.4.3 音の強さのレベルと音圧レベル

私たちが通常聞き取ることのできる音の強さは，おおむね $10^{-12}\,\mathrm{W/m^2}$ から $1\,\mathrm{W/m^2}$ までの 10^{12} もの範囲に及ぶ。広い範囲を扱うのに便利で，また，人間の感覚量が指数関数で表されることが多く，その指数関数が直線で表現できることから，音圧や音の強さを表すのには，その対数を取った表示法が広く用いられている。

あるパワー量 P をそれの基準となる量 P_0 で除した値の常用対数を取ったものをその量の**レベル**と呼び，単位には **B**（**ベル**）を用いる。したがって，1 B はパワー10倍の違いを意味するため，日常の使用には粗すぎて不便である。そこで，メートル法で1/10を表す補助単位 d（デシ，デシリットルのデシと同じ）を用いて

$$L = 10 \log_{10}\left(\frac{P}{P_0}\right) \tag{1.7}$$

とすることにより，**dB**（**デシベル**）を単位として表すのが一般的である（対数とレベルについてより詳しくは付録1参照）。

音の強さを対象としたときには，**音の強さのレベル**と呼ばれ，次式で表される。

14   1. ピタゴラスから携帯電話までの音響学

$$L_I = 10 \log_{10} \frac{I}{I_0} \tag{1.8}$$

ここで，I はある音の音の強さである。音の強さのレベルの場合の基準値 I_0 には，$1\,\mathrm{pW/m^2}$（$=1\times10^{-12}\,\mathrm{W/m^2}$）を使用する。

一方，平面波の場合には，音の強さ I と音圧 p との間に，$I=p^2/\rho c$ の関係があることから，音圧の2乗 p^2 についてもレベル（デシベル）を用いることが広く行われている。これを**音圧レベル**と呼ぶ。なお基準の音圧としては，人間が聞き取ることができる下限に近い $20\,\mathrm{\mu Pa}$（$=2\times10^{-5}\,\mathrm{Pa}$）を使用する。音圧レベル L_P は，下記の式で定義される。

$$L_P = 10\log_{10} \frac{p^2}{p_0{}^2} \tag{1.9}$$

ここで，p は音圧レベルを求めたい音の音圧であり，p_0 は基準音圧（$20\,\mathrm{\mu Pa}$）である。

この基準音圧 $20\,\mathrm{\mu Pa}$ を2乗した値は，400×10^{-12} となる。空気の比音響インピーダンスは，前にも述べたように1気圧で室温の場合およそ $400\,\mathrm{Pa\cdot s/m}$ であるため，400×10^{-12} を空気のインピーダンスで除した値は，ほぼ 10^{-12} となる。したがって，音の強さのレベルの基準値 $1\,\mathrm{pW/m^2}$ は，平面波の場合には，音圧レベルとほとんど同じ値を表すことになる。そのため，通常，音圧レベルと音の強さのレベルは，同じ値を表すものとして取り扱われる。

聴覚で聞き取ることのできる最小の音圧（これを，**最小可聴値**，あるいは**聴覚域値**という）の音圧レベル（＝音の強さのレベル）は，人間の聴覚の感度が最もよい $2\,\mathrm{kHz}$ から $4\,\mathrm{kHz}$ くらいの範囲で，おおむね $0\,\mathrm{dB}$ くらいの値となる（多人数の健聴者の平均値）。また，通常の会話音は $65\,\mathrm{dB}$ ほどである。ちなみに，$1\,\mathrm{Pa}$ を音圧レベルで表すと $94\,\mathrm{dB}$ となり，これは火災報知器などの非常警報音を $1\,\mathrm{m}$ 程度の距離で聞いたときの音圧レベルに相当する，とても強い音である。**図1.4**に，音の強さ，音圧と音圧レベル（＝音の強さのレベル）の関係を示す。また，この図には，生活場面で出会ういくつかの音の典型的・平均的な音圧レベル値も参考のために記してある（🪶1-A）。

1.4 音響学，その基礎の基礎　15

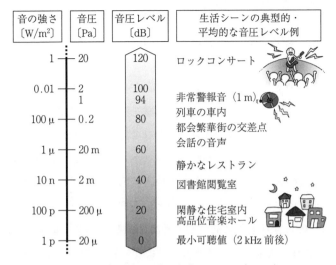

図1.4 音の強さ，音圧と音圧レベル（🔊1-A）

1.4.4 音とその周波数スペクトル

　波の中で，一番単純なものは，一定の周期をもつ単一の三角関数で表現されるもので，**正弦波**と呼ばれる。このような正弦波の音は**純音**とも呼ばれる。また，ある波の周波数は周期の逆数であり，単位は Hz（ヘルツ）である。例えば，周期が 1 ms（ミリ秒），すなわち 1/1 000 秒の正弦波の周波数は 1 000 Hz ということになる。人間が聞くことのできる正弦波の周波数範囲（**可聴周波数**）は，おおむね 20 Hz から 20 kHz までの広い範囲に及ぶ（🔊1-B）。光の場合が 400 nm から 700 nm 程度であることを考えると，可聴周波数の上限と下限の比はきわめて大きいといえる。なお，人間が感じる音の高さのことは，物理的な周波数とは区別して考え，**ピッチ**と呼ぶ（2.3.4項参照）。

　音声や，音楽，環境騒音のような一般の音は，さまざまな周波数の正弦波で構成されていると見なすことができる。これは，電子機器や機械がさまざまな部品でできていることに例えられるかもしれない。ある人の声や電車の音など，人が聞くと，ひとかたまりの音として感じる音であっても，数学的な分析により，いろいろな周波数の正弦波からなる信号として扱うことができる

(9.2節参照)。

逆に,さまざまな周波数の正弦波を組み合わせることにより,複雑な音を合成することができる。

つまり,上の例でいえば,正弦波は部品に相当することになる。そのような意味の場合,部品ではなく成分という言葉を用いて,**周波数成分**という。

ある波が,どのような周波数成分の組合せでできているかを表したものを**周波数スペクトル**という。また,周波数スペクトルの中でも,周波数成分の絶対値を2乗したものを**パワースペクトル**という。ある光をプリズムで分光した分光スペクトルも周波数スペクトルの一種といえる。

図1.5は,**のこぎり波**の時間波形とその周波数スペクトルを描いたものである[†]。このように周期的な音,あるいはより一般的にいえば,周期的な信号の周波数スペクトルは,その周期(これを基本周期と呼ぶ)の逆数に相当する周波数の成分と,その整数倍の成分から構成される。前者を**基本波**,そしてその周波数を**基本周波数**という。後者は**高調波**(**倍音**ともいう)と呼ばれ,高調波は周波数が低い順に,第2高調波(第2倍音),第3高調波(第3倍音),……のように呼ばれる。また,ある信号(音)が,基本波と高調波群から形作られていることを**調波構造**という。

また**図1.6**は,ある環境騒音の時間波形とその周波数スペクトルを描いた

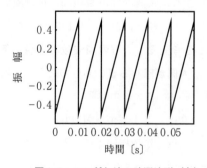
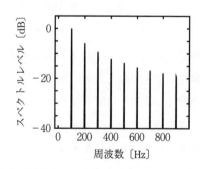

図1.5 のこぎり波の時間波形(左)とその周波数スペクトル(右) (●1-C)

[†] 本図を含め,本書で図示する音の周波数スペクトルはすべてパワースペクトルである。

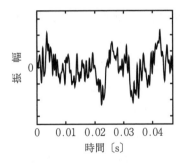
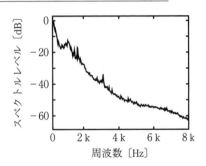

図 1.6 ある環境騒音の時間波形（左）とその周波数スペクトル（右）（🎧1-C）

ものである．このように時間波形が周期的ではなくランダムな場合，周波数スペクトルには，図 1.5 に見られたような周波数スペクトル上の一定間隔の繰り返しが見られず，連続的なものとなっている．音によって，時間波形も周波数スペクトルもさまざまな形を取ることがわかる（🎧1-C）．また，環境騒音や自然界の音の多くは，図 1.6（右）に示すように，周波数が高くなるにつれてスペクトルが徐々に小さくなるパターンを示す．

音声のように時間変化する音の場合には，短時間ごとに周波数スペクトルを求め，その時間変化を観測する必要がある．**図 1.7** は，ある音声の波形（左図）と，その短時間ごとの周波数スペクトルを 2 次元的に描いたもの（右図）である．右の図のように，濃淡によって周波数成分の強さを表し，その時間変化を描いた図を**サウンドスペクトログラム**と呼ぶ．

時間波形と周波数スペクトルの関係は，フーリエ積分，あるいは**フーリエ変**

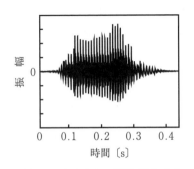
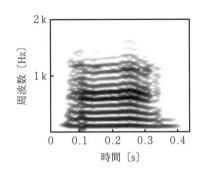

図 1.7 ある音声の波形（左）とそのサウンドスペクトログラム（右）（🎧1-C）

換という数学的な演算によって求めることができる。また，ある時間波形とその周波数スペクトルとは，フーリエ積分，フーリエ変換によって相互に行き来できることが証明されている。つまり，ある音の時間波形が与えられれば，それから周波数スペクトルを計算することができ，逆に，周波数スペクトルから時間波形に戻すことができるのである（9.2節参照）。

ある音のうち，特定の周波数成分だけを取り出したり，逆に取り除いたり，あるいはそれぞれの周波数成分ごとに強めたり弱めたりする機器や信号処理を**フィルタ**という。フィルタは，コーヒーフィルタのフィルタと同じで，必要なものをこし取る，あるいは取り除くものという意味の言葉である。

フィルタのなかで，ある周波数 f_1 から f_2 の範囲（$f_1 < f_2$ とする）だけを取り出すものを帯域通過フィルタという（バンドパスフィルタ，帯域フィルタともいわれる。図1.8参照）。音響学でよく使われる帯域通過フィルタは**オクターブ帯域フィルタ（オクターブバンドフィルタ）**である。なお，オクターブは，ある周波数の倍の周波数を意味する言葉である。例えば，1 kHz から 2 kHz というように倍の周波数までの範囲を1オクターブ幅という。なお，**オクターブ**（octave）の oct は octopus，octet の oct と同じで，8を意味し，これは1オクターブが，8音（ピアノの白鍵8音）で構成されることに由来する。

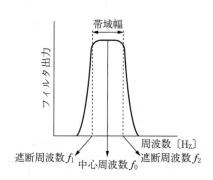

図1.8 帯域フィルタの形状とその特徴を表すパラメータ

オクターブ帯域フィルタの場合，フィルタの中心周波数 f_0 は，遮断周波数 f_1 と f_2 の相乗平均値を用いて表す。したがって，帯域が1オクターブの場合には，$f_0 = \sqrt{f_1 f_2}$ かつ，$f_2 = 2f_1$ となるから，$f_1 = f_0/\sqrt{2}$，$f_2 = \sqrt{2}f_0$ の関係となる。なお，音響学で用いられる1オクターブ帯域フィルタの中心周波数は，国際規格（**ISO266**）により，63 Hz，125 Hz，250 Hz，500 Hz，1 kHz，2 kHz，4 kHz，8 kHz というように定められている。（🎵1-D）

1.4 音響学，その基礎の基礎　　*19*

なお，低い周波数だけや，高い周波数だけを取り出すフィルタも広く用いられている。前者は低域通過フィルタ（ローパスフィルタ），後者は高域通過フィルタ（ハイパスフィルタ）と呼ばれる。

コラム 1.1　いろいろな色の名がついたノイズ（🔗1-E）

どの周波数の成分も同じ強さをもつ，周波数スペクトルが平坦なノイズを**ホワイトノイズ（白色雑音）**という。これは，太陽光のような白色光が，波長の長い（したがって周波数の低い）赤色の成分から，波長の短い（したがって周波数の高い）紫色の成分までを均等に含んでいることにちなんだ呼び方である。

一方，周波数が高くなるにつれて周波数スペクトル成分が徐々に小さくなっていくノイズも存在する。周波数が 2 倍になるごとにパワーが 1/4（−6 dB）になるノイズを**レッドノイズ**という。逆に，周波数が高くなるにつれて強くなるようなノイズは**ブルーノイズ**と呼ばれる。これらも光の色にちなんだ表現である。

音響学では，**ピンクノイズ**という信号をしばしば用いる。これは，ホワイトノイズとレッドノイズの中間の特性，つまり，周波数が 2 倍になるごとにパワーが半分（−3 dB）になるような周波数スペクトルをもつノイズである。この信号を用いると，様々な中心周波数をもつオクターブバンドフィルタの出力がどの周波数でも一定になり，さまざまな測定に便利である。これは，オクターブバンドフィルタの帯域幅が中心周波数に比例して増加するため，ピンクノイズの周波数スペクトルの変化とちょうど釣り合うためである。ちなみに，ホワイトノイズは，オクターブバンドフィルタの出力が 1 帯域あがるごとに 2 倍（＋3 dB）となる。

1.4.5　聴覚の感度特性を考慮した音のレベルの表現法

〔1〕ラウドネスレベルと等ラウドネスレベル曲線　　音を聞いたときに，人間が感じる感覚的な「量」を**ラウドネス（音の大きさ）**と呼ぶ（2.3.1 項参照）。いまある 2 音があり，それら 2 音の違いが音の強さだけの場合には，音の強さが大きいほうがラウドネスも大きくなる。一方，2 音の音の強さが同じでも，周波数が違うと，ラウドネスは同じになるとは限らない。

そこで，各周波数の純音について，音圧レベルが x〔dB〕の 1 kHz 純音と同じラウドネスになる音圧レベルを求めることができる。このレベルを次々に結んでゆけば，ある曲線が求まる。このような曲線を**等ラウドネスレベル曲線**と

1. ピタゴラスから携帯電話までの音響学

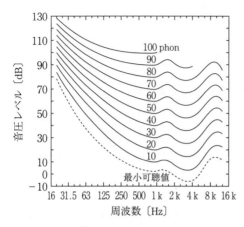

図1.9 等ラウドネスレベル曲線の国際規格（ISO226 : 2003）

いう（等ラウドネス曲線と呼ばれることもある）。

等ラウドネスレベル曲線は，いわば人間の聴覚の感度特性を表すものである。聴覚の基礎特性として重要であることから，**ISO226**として国際規格となっている。**ロビンソン・ダッドソン曲線**が長く用いられていたが，その後，この特性は大きな誤差を含むことが明らかになり，20年近い研究を経て2003年にISO226の新規格（**鈴木・竹島曲線**，図1.9）が定められた。

純音に限らず，ある音のラウドネスが，音圧レベル x〔dB〕の1 kHz純音と同じである場合，「その音の**ラウドネスレベル**が x〔phon（フォン）〕である」と表現する。図の曲線を等ラウドネス曲線と呼ぶのは，これが，ある周波数の純音について，ラウドネスレベルが指定のphon値となる音圧レベルを表すものであるからである。

〔2〕**騒音レベル（A特性音圧レベル）** 人間にとって望ましくない音，不快な音，じゃまな音と受け止められる音を**騒音**と呼ぶ。そのため，騒音の評価には，人間の感覚を基準とした測定が必要となる。図1.9に示す等ラウドネスレベル曲線を見ると，曲線は周波数が低い領域（低周波数域，低域）と逆に高い領域（高周波数域，高域）で上昇して

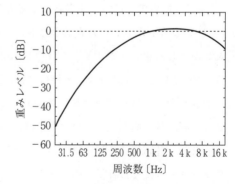

図1.10 A周波数重み付け特性（A特性）の周波数特性

いる。これは，人間の聴覚系では，低域と高域の感度が 500〜5 000 Hz 程度の範囲の感度に比べて低下していることを示している。そこで，人間の聴覚におけるこの特性を反映した聴感補正を施した音圧レベルが騒音の評価に広く用いられている。この聴感補正特性は，**A 周波数重み付け特性**（あるいは単に **A 特性**）と呼ばれ，**図 1.10** に示すような周波数特性を持っている。国際規格（**IEC 61672**）になっており，世界的に広く用いられている。A 周波数重み付け特性をもつフィルタを通して測定した音圧レベルを **A 特性音圧レベル**あるいは**騒音レベル**という。

なお，A 特性は，ロビンソン・ダッドソン曲線が求められるよりも以前に広く用いられていた**フレッチャー・マンソン曲線**の 40 phon の等ラウドネスレベル曲線を反転させたものであるといわれている。また，A 特性音圧レベルは，騒音評価のためだけではなく，音量を簡便に表す値としても広く用いられる。

コラム 1.2　ホンという単位

騒音のレベルを表す単位として，少し古い文献や，街角の騒音レベル表示装置では，**ホン**という単位を見ることがある。これは，前述のラウドネスレベルの単位 phon と似ているが，同じものではなく，現在の騒音レベル，すなわち，A 周波数重み付け特性を通して測定した音圧レベル（A 特性音圧レベル）を表す単位である。昔，ドイツ工業規格（DIN）で使われていた古い単位のなごりといわれ，日本では 1993 年に計量法が改正されるまで，広く使われていた。しかし，この計量法改正により，騒音レベルの単位として，いまではホンは用いられなくなり，dB で表すのが普通である。

さらに勉強したい人のために

1) 日本音響学会編：基礎音響工学，コロナ社（1990）
2) 日本音響学会編：音のなんでも小辞典，講談社（1996）
3) Thomas D. Rossing, Richard F. Moore and Paul A. Wheeler：The Science of Sound (Third Edition), Addison-Wesley Publishing Co. Massachusetts（2001）
4) 日本音響学会編：基礎音響学，コロナ社（2019）

2 音を聞く仕組み

　テレビを見ていると，突然，携帯電話の着信メロディが鳴り始めた。だれからの電話だろう。私は，メロディの鳴る方向へ歩んで行き，携帯電話を取り上げると話し始めた。
　「もしもし？　あぁ，Ａさん。」
よく遭遇する光景であるが，なぜこのようなことが可能なのか考えてみると，さまざまな疑問がわいてくる。
　どのようにして，メロディの鳴る方向がわかったのだろう？　そもそも，私たちはなぜ音が聞こえるのだろう？　それに，どのようにして，鳴っている音がメロディとわかったのか？　音の高い低いはどうやってわかっているのだろう？　テレビの音もあったのに，なぜ電話の音も聞こえたのだろう？

　こう考えてみると，私たちの聴覚はじつに精緻にできているものだと思う。音は音源から耳に到達した後，内耳を経て中枢に至るまでさまざまな情報処理が行われる。聴覚系は，耳から脳に至る複雑な情報処理システムである。聴覚系では，どのような仕組みのもとで音の情報を処理し，上のようなことがわかるようになっていくと考えられるか。この章では，現在考え得る説明を行っていくことにしよう。

2.1 音源方向の知覚

携帯電話の着信音が鳴る。私たちは簡単に，携帯電話がどこにあるのかわかる。では，なぜ（どのように）メロディの鳴る方向がわかったのだろうか。

音は空気の振動（気圧の変化）として音源から耳まで伝わってくるが，伝わるとき，1.4.2 項にも書かれているように，光と同じような次の性質をもつ。

1) 音波は直進する。特に波長が短い（周波数が高い）ほど，直進しやすい。
2) 音波は回折する。特に波長が長い（周波数が低い）ほど，この性質をもつ。
3) 音波は反射する。

このため，音源の方向が異なることによって右の耳と左の耳へ到達する音の性質が変化し，**時間差**や**強度差**が生じる。時間差は**位相差**（コラム 2.1 参照）の形で表現されることもある。

2.1.1 音源の方向と左右耳の強度差

音波は直進する性質をもつので，**図 2.1** に示すように，音源とは反対の方向に陰ができる。つまり，音源が正面より右にある場合，左耳に到達する音波の強度は小さくなる。このような理由により生じる左右耳の強度差を**両耳間強度差**（**ILD**：interaural level difference）という。

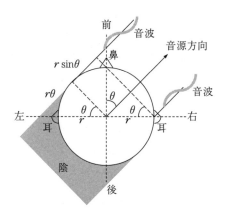

図 2.1 側方音源による両耳間強度差・時間差

強度差と音源の到来方向には，音源が正面からずれるほど音源とは反対の耳に到達する音波の強度は小さくなるという関係がある。このため，強度差から音源方向を知覚することができる。音源の周波数が低い場合，音波は頭の後ろに回りこむ（回折という）ことがで

24 2. 音を聞く仕組み

きるので，強度差は小さくなる。このため，左右耳の強度差を用いた音源方向の知覚には周波数の高い音が有効であり，実際にはヒトの聴覚では 1.5 kHz 以上の音が使われる（●2-A）。

2.1.2 音源の方向と左右耳の時間差

図 2.1 のように，音源が正面から θ〔rad〕の角度にあるとき，頭の半径を r〔m〕とすれば，音源に近い側の耳に比べて遠い側の耳には，直線にして r $\sin\theta$〔m〕の距離の差を生じ，さらに回折による $r\theta$〔m〕の距離の差を生じる。音源からの距離の差 $d = r(\theta + \sin\theta)$ により生じる左右耳の時間差を**両耳間時間差**（**ITD**：interaural time difference）という。室温中の音速は約 340 m/s であるので，両耳間に生じる時間差 Δt〔s〕は，$\Delta t = d/340$ で計算できる。音源が正面から $\theta = 90°$ の角度をなすとき，最大両耳間時間差を生じる。一般的な日本人の両耳間距離を 18 cm，すなわち半径 $r = 0.09$ m とすると，最大両耳時間差は約 680 μs となる。左右耳の時間差を用いた音源方向の知覚には周波数の低い音が有効であり，実際にはヒトの聴覚では 1.5 kHz 以下の音が使われる。

2.1.3 音の到来方向と頭部での反射

音波は，障害物に当たると一部は吸収され残りは反射する。このため，耳のまわりではさまざまな反射が生じている。耳介（耳たぶ）は前方から見ると中がくぼんでおり，ちょうどパラボラアンテナに似た形をしている。このため，前方からの音波は効率よく耳の中へ取り込まれる。逆に，後方から到達した音波は，回折により耳の中へ入ってくるが，強度は小さくなる。さらに，耳介のくぼみの形状は複雑なため，音波の到来方向により反射の特徴が異なる。耳介での反射は，音源方向の前後判断，上下角の判断に有効に機能していると考えられている。

ある音源について，頭や耳の形による反射・回折を考慮した音の伝搬特性を**頭部伝達関数**（**HRTF**：head-related transfer function）という。頭部伝達関数は，聴取者のそれぞれの耳の外耳道入り口での周波数スペクトルと，そこにだ

れもいないときの周波数スペクトル（正確には，頭の中心があった位置での周波数スペクトル）の比で表され，頭部や耳の形状，音波の到来方向によって異なる値をとる。すなわち，頭部伝達関数は，両耳間強度差・時間差，頭部での反射などすべての特徴を含んでいる。音源スペクトルに任意の頭部伝達関数を作用させて人に呈示することにより，その頭部伝達関数に対応した音源方向を知覚させることができるので，**バーチャルリアリティ**への応用が進められている。なお，人により頭部および耳介の形状が異なるため，頭部伝達関数には個

コラム 2.1　位相差と位相多義性

位相差とは，音が正弦波であるとき，二つの正弦波が 1 周期のどれくらいずれているかを角度で表したものである。時間差 Δt 〔s〕を周期（周波数の逆数）で正規化すると位相の差として表現できる。正弦波の周波数が f〔Hz〕のとき，1 周期の長さは $1/f$ で，1 周期は角度で表すと 2π〔rad〕である。したがって，時間差 Δt と位相差 $\Delta\theta$〔rad〕の間には，$\Delta\theta = 2\pi\Delta t f$ の関係がある。

音源の周波数が高い場合，音の 1 波長（すなわち 1 周期）が，それぞれの耳へ到達する距離の差 d〔m〕よりも短くなる場合が出てくる。このような場合には，左右に到達する音の位相差が 2π〔rad〕以上になる。例えば，距離の差がちょうど波長と同じであるとすると，位相差は 2π となる。ところが二つの正弦波を比べている限り，正弦波は 2π ごとに同じ値を取るので，位相差が 2π であるのか，あるいは 4π，6π であるのかはわからない。

ある角度から到来する音の両耳間の位相差が 2π であるとする。一方，正面から来る音の位相差は 0 であるが，どちらなのかは，両耳の位置で音を観測する限り区別がつかないことになる。そのため，時間差によって音の到来方向を知覚することが困難となる。これを**位相多義性**という。

具体的に考えてみよう。半径が $r=0.09$ m の頭に 2 kHz の音波が右 60° から到来するとしよう。音速を 340 m/s とすると，2 kHz の音波の波長は 17 cm となる。到来方向が右 60° のときの左右耳の距離差は $d=r(\theta+\sin\theta)$ から約 17 cm であるので，ちょうど 1 周期分（500 μs）波形がずれることになる。つまり，2 kHz の音波の場合，角度が 0° と 60° で同じ位相となることから，両耳間時間差が 0 か 500 μs か判断できなくなり，到来方向の知覚が困難となるのである。このような現象は，時間差が最も大きくなる音が真横から来る場合に位相差が 2π を超えると生じることから，約 1.5 kHz 以上の周波数で見られる現象である。

26   2. 音 を 聞 く 仕 組 み

人差がある。頭部伝達関数を使用して高精度な音空間を再現するためには，個人個人への頭部伝達関数のフィッティングが必要である。

2.1.4 ヒトの方向定位能力

聴覚は，左右耳に到達する音波の時間差と強度差，そして音スペクトルの違いをおもな手がかりとして音源方向を検出し，方向定位を行っている。

ヒトは 900 Hz の純音に対して約 10 μs までの両耳間時間差の違いを弁別できることが報告されている。10 μs の両耳間時間差は角度にして 1° しかない。これは聴覚系における時間情報処理の精巧さを示す重要な例である。

時間差や強度差のみを方向定位の基本的な手掛かりとする考えは，その後，頭の形や運動などの複雑な要因と方向定位知覚との関係が明らかになるにつれて，現在では古典的な理論となりつつある。つまり，**頭部伝達関数**に関わる周波数的な特性や，音の立上がり・立下がりの情報などを含めたさまざまな手掛かりによる聴覚系の巧妙な情報処理と脳での総合判断によって，音源方向や距離が知覚され，3 次元的な**音像定位**が行われていると考えられている。

2.2　聴覚を支える聴器

空気中を伝搬した音波は，耳の中へ入っていく。耳の中では，どのように音波（音圧の変化）から情報が取り出されるのだろうか。

聴覚系は**図 2.2** に示すように，外界に近いほうから，外耳，中耳，内耳，聴神経，脳幹（蝸牛神経核，上オリーブ複合体），中脳（下丘，内側膝状体），1 次聴覚野と順に並んでおり，外耳から入ってきた音声はこの経路を通る間に神経発火に変換され，脳中枢（大脳）に運ばれる。

それぞれの部位のおもな働きを簡単に述べる。

　外耳：外界の音を集めて鼓膜まで伝え，鼓膜を振動させる

　中耳：鼓膜の振動を効率よく内耳のリンパ液に伝える

2.2 聴覚を支える聴器

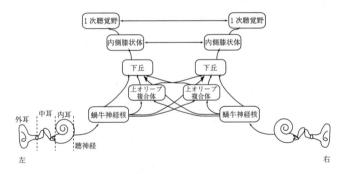

図 2.2 聴覚経路

内耳：リンパ液の振動を内部にある基底膜の場所情報として周波数分析し，場所ごとの神経発火数として符号化する

蝸牛神経核：神経発火の並びからいろいろな特徴が抽出され始める

上オリーブ複合体：左右の耳からの信号が初めて交わるところで，両耳間時間差，両耳間強度差を抽出する

中脳（下丘，内側膝状体）および聴覚野：聴覚スペクトルの概形情報を符号化する

2.2.1 外　　耳

外耳は，図 2.3 に示すように，**耳介**（耳たぶ），**耳甲介腔**†（外耳道入口のくぼみ），**外耳道**から鼓膜までをいい，次のような物理音響的な効果をもたらす。

音は四方八方から到来するが，2.1 節で述べたように，頭と耳介の形により到来方向によって音が回折・反射し，周波数スペクトルが変化する。これにより音の到来方向が知覚できる。

耳甲介腔では，そのくぼみにより 5 kHz あたりで共鳴（共振）現象が起きる。このため，5 kHz 周辺の音を他の周波数の音に比べて 10 倍ほど強くする。

外耳道は音が伝わる管，すなわち音響管であるので，管の中で共鳴（8.10節参照）が起こる。この共鳴周波数は約 2.5 kHz 付近で，この周波数の音を他

---

† 「じこうかいこう」とも読む。鼻腔（4.1.1 項参照）も同様に 2 種類の読みがある。

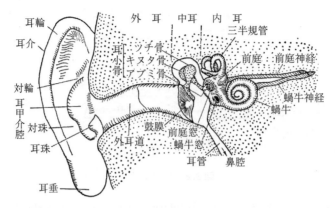

図 2.3 聴覚末梢系（日本音響学会編：聴覚と音響心理，コロナ社，p.2（1978））

の周波数の音に比べて10倍ほど強くする。これらの共鳴現象が相補的に働き，鼓膜に到達した音は2〜7kHz付近で低域・高域の音に比べて音圧が30〜100倍ほど（+15〜20dB）大きくなる。

2.2.2 中　　耳

中耳は，図2.3に示すように，鼓膜から三つの骨（**耳小骨**：ツチ骨，キヌタ骨，アブミ骨）を経て蝸牛の**前庭窓**までの区間をいい，鼓膜に伝わった空気の振動を内耳内のリンパ液に伝える機械的な役目を担っている。空気の比音響インピーダンスは約 $400\,\mathrm{Pa\cdot s/m}$，**蝸牛**の比音響インピーダンスの実測値は例えばネコの場合 $1\,\mathrm{kHz}$ で $1.5\times 10^5\,\mathrm{Pa\cdot s/m}$ である[†]。このままではインピーダンスが合っていないため，空気側からリンパ液へ入力される振動はほとんど反射されてしまう。

しかし実際の聴覚系では，次のような働きにより，音は効率よくリンパ液に伝わる。鼓膜と前庭窓の間には $35:1$ の面積差がある。パスカルの原理により，この面積比（$35:1$）によるインピーダンス変換が行われる。また，ツチ骨とキヌタ骨の接合部分を支点とした，てこの原理（長さの比（$1.15:1$）によるインピーダンス比（$1.15^2:1$）），さらには鼓膜の変形効果によりインピー

[†] リンパ液のインピーダンスは $1.5\times 10^6\,\mathrm{Pa\cdot s/m}$ であるが，蝸牛にはやわらかい窓が二つ存在し，一方にのみ振動が伝えられるため，実際のインピーダンスは小さくなる。

ダンス比が（4：1）となり，全体で185：1のインピーダンスマッチングを行っている。以上の数値はネコの場合である。$1.5 \times 10^5 / 185 = 810 \, \text{Pa} \cdot \text{s/m}$ であるので，空気のインピーダンスと近い値となり，振動は効率よくリンパ液に伝わる。実際，三つの骨のいずれかが機能しなくなれば聴力損失が生じ，**伝音性難聴**と呼ばれるタイプの難聴となる。

2.2.3 内　耳

内耳は，図2.3に示すように，三半規管と**蝸牛**からできており，聴覚に関係するところは蝸牛である。蝸牛は名前が示すようにかたつむりの形をしており（**図2.4**），ヒトの場合，$2\frac{3}{4}$回転している。

蝸牛を延ばしたときの断面図を**図2.5**に示す。蝸牛内には**基底膜**が存在し，図に示すように蝸牛を大きく二室に分けている†。

図2.4 モルモットの蝸牛（日本音響学会誌，56, 8, p.593）

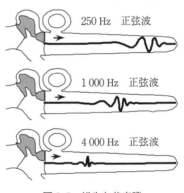

図2.5 蝸牛と基底膜

リンパ液の揺れは蝸牛先端に向かって進み，基底膜もリンパ液の揺れに従って振動する。基底膜は奥に進むに従って幅広く薄くなるため，振動はだんだん大きくなりながら蝸牛先端に向かって進み，ある点で急激に減衰する。振動の最大点は入力の周波数によって異なり，周波数が低い場合は先端，周波数が高くなると前庭窓に近くなる。すなわち，基底膜は周波数分析機能をもつ。

---

† 蝸牛内には，もう一つ，**ライスネル膜**があり，細かくは三室構造となっている。

先端からたわみの最大点までの距離 x〔mm〕と周波数 f〔Hz〕の関係は

$$f = A(10^{ax} - k) \quad (2.1)$$

で表されることが知られている。この式は，さまざまな動物（ネコ，牛，鶏など）の基底膜上の振動の最大点の位置と周波数の関係にパラメータ値を変えるだけで当てはまり，人間の場合は $A=165.4$，$a=0.06$，$k=1$ となっている。

基底膜の上には，前庭窓から先端へと**内有毛細胞**（図 2.6 中の I）が 1 列に約 3 000 個，**外有毛細胞**（図 2.6 中の O）が 3 列に約 12 000 個並んでいる。

内有毛細胞（図 2.7）では，基底膜振動に伴って毛が左右に揺れる。図では，右に揺れたときイオンチャネルが開き，カリウムイオン（K^+）が流入する。細胞内は通常は電圧が負であるが，カリウムイオンの流入により電圧が負側から 0 に近付く。これにより，有毛細胞とこれに接着している神経との間に神経伝達物質が放出される。そして，神経伝達物質の作用により，神経先端で電位が変化する。これが神経発火となる。左に揺れた場合はチャネルが閉じるため，神経発火はほとんど起こらない。このように，基底膜振動のある位相のときだけ神経発火数が増大することとなる。このような現象を**位相固定**という。入力音の音圧を増加させると，発火の大きさは変化しないが発火頻度が増大する。

内有毛細胞には全部で約 30 000 本の脳へ向かう神経がつながっており，内

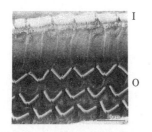

図 2.6 1 列の内有毛細胞（I）と 3 列の外有毛細胞（O）（日本音響学会誌, 56, 8, p.593）

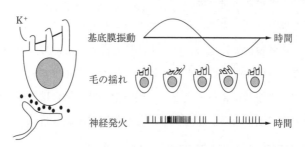

図 2.7 内有毛細胞の神経発火の模式図

有毛細胞で生じた神経発火を中枢に伝えている。基底膜は周波数分析機能をもつので，これらの神経も，つながっている基底膜上の位置に対応した周波数特性をもつ。このように，神経の空間的配列と周波数が対応していることを**トノトピー**という。

外有毛細胞は，基底膜振動にあわせて揺れるとともに，自らがその動きに同期して能動的に伸縮する。この伸縮は，基底膜振動を推す方向に働き，外有毛細胞が能動的に変化しない（あるいは存在しない）場合に比べて 50〜60 dB 揺れを増幅させる。外有毛細胞が騒音暴露などで破壊されると，この増幅作用が損なわれるため，**感音性難聴**と呼ばれるタイプの難聴となる（🫘2-B）。

2.2.4 脳　　　幹

脳幹は，末梢側から**聴神経**，**蝸牛神経核**，**上オリーブ複合体**，**中脳**の順番で信号を中枢に伝えている。それぞれの部位はおもに次のような働きを有している。

〔1〕**聴神経**　　聴神経は，有毛細胞で生じた神経発火を伝達する。どのような情報を運んでいるかを調べるために，入力音の音圧を増減させて，神経発火が生じる最小音圧を測定する。入力音の周波数を変化させながらこれを繰り返すと，図 2.8 に示すような概形をもつ同調曲線が得られる。この曲線中に，神経発火が生じる音圧が最小となる周波数が現れる。これを聴神経の**特徴周波数**という。

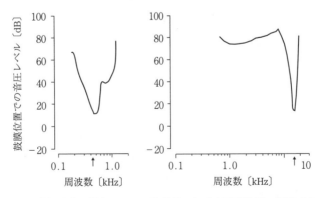

図 2.8　特徴周波数が異なる二つの聴神経における同調曲線の概形（ネコの場合）。横軸は入力音の周波数，縦軸は音圧，矢印は特徴周波数を表す。

32　2. 音を聞く仕組み

　別の見方をすると，聴神経の特徴周波数付近の周波数をもつ入力音を刺激として与えた場合，その聴神経が接着している内有毛細胞近辺が最もよく振動している，つまり感度が最大になることを表している。すなわち，図は基底膜の振動特性を反映した図となっており，基底膜で周波数分析された情報が聴神経によって中枢に運ばれている証拠となる。聴神経が存在する場所によって特徴周波数が異なる，すなわち，トノトピーが存在している。

　音刺激を一定間隔で繰返し呈示して聴神経の神経発火数を測定し，音刺激の始まりからの時間を横軸として作成したヒストグラムを**刺激後時間**（**PST**：post stimulus time）**ヒストグラム**という（**図2.9**）。刺激後時間ヒストグラムを見れば，刺激音開始からの時間ごとの神経発火数は音刺激が入ってきた直後に高い値を示し，約15 ms で急激に減少する。これは，聴覚が音の始まりに敏感であることを示唆している。

　神経発火の時間間隔を横軸にとり，その時間間隔で発火した神経発火数を縦軸にとったヒストグラムを**神経発火周期ヒストグラム**という。**図2.10** は，1 kHz の純音を刺激として与えた場合の神経発火周期ヒストグラムである。刺激音の周期あるいはその整数倍の時間間隔で神経発火数が多くなり，くし型の形状を示している。

コラム2.2　ベケシーの進行波説

　「音波による基底膜の振動は蝸牛先端に向かって**進行波**となって進む。基底膜上の振動の最大点は入力の周波数によって異なる。基底膜には周波数分析機能がある。」この機能を初めて発見したのは，後にこの研究によりノーベル医学生理学賞（1961 年）をとったベケシーであった。

　ベケシーは死体の耳に音を加えながら基底膜を顕微鏡で観察し，基底膜振動の振幅の周波数特性から，基底膜はなだらかな裾野をもつ帯域フィルタであるとした。しかし現在は，生きた基底膜には，外有毛細胞の能動的な働きによりもっと鋭い周波数特性があること，また，フィルタの帯域幅が，大きな音の場合に広く小さな音の場合は狭まることもわかっている。これを入力の音圧による**可変Q機能**と呼ぶ。

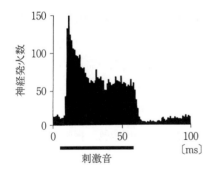

図 2.9　刺激後時間ヒストグラム（長さ 50 ms，中心周波数 2 kHz のトーンバースト音刺激を時間間隔 100 ms で繰り返し 2 秒間与え，刺激開始からの時間を横軸として，それぞれの時間における神経発火数を数え上げたヒストグラム）（Kiang et al.：Discharge patterns of single fibers in the cat's auditory nerve（Res. Monogr. No.35），M. I. T. Press（1965））

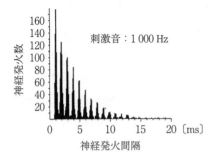

図 2.10　神経発火周期ヒストグラムの一例。1 kHz の純音を刺激として与えたリスザルの場合。神経発火は，1 kHz の逆数である周期 1 ms（あるいはその整数倍）の間隔でほぼ並んでいる。（Rose et al.：Phase-locked response to low-frequency tones in single auditory nerve fibers of the squirrel monkey, Journal of neurophysiology, 30, pp.769-793（1967））

周波数の低い純音を刺激音として提示した場合，図 2.11 のように，刺激音のある特定の位相で神経発火数が増大する現象，すなわち**位相固定**と呼ばれる現象が生じる。これは，前述のように有毛細胞が特定の方向に揺れたときに神経発火しやすくなっていることが背景になっている。位相固定があるため，神経発火の時間間隔は刺激音の周期あるいはその整数倍となる可能性が高くなるのである。

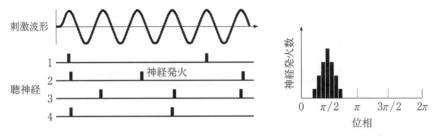

図 2.11　入力刺激音と神経発火の模式図（左）と位相を横軸としたヒストグラム（右）（入力音のピーク（位相がほぼ $\pi/2$）で神経発火が生じている様子を模式的に表している）

このように，周波数の情報が神経発火の間隔として脳中枢に伝えられるため，位相固定は音の高さ（ピッチ）の知覚機構に深く係わっていると考えられている。なお刺激音の周波数が比較的高い場合は，神経発火の揺らぎのため神経発火周期ヒストグラムのくし型形状が崩れる。位相固定が消失する周波数は，入力の音圧にもよるが，ネコの場合約3kHzといわれている。

〔2〕 **蝸牛神経核** 蝸牛神経核には，前腹側核，後腹側核，背側核という三つの領域がある。聴神経は三つの領域それぞれにつながっており，各領域では，周波数に対応する神経系の空間的配列である**トノトピー**が保存されている。蝸牛神経核では，聴神経からの入力に応じて新たな神経発火が生じるが，その発火特徴は場所ごとに異なる。蝸牛神経核細胞の刺激後時間ヒストグラムを**図2.12**に示す。図(a)に示す1次神経型応答は，おもに前腹側核で多数見つかっており，聴神経での神経発火の頻度情報および時間情報が保存されているため，聴神経の刺激後時間ヒストグラムとほぼ同じヒストグラムを描く。一

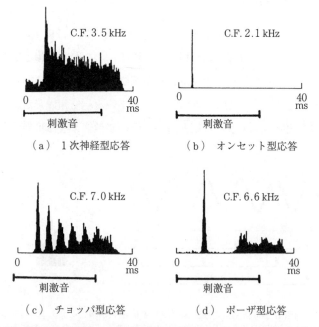

図2.12 蝸牛神経核細胞の刺激後時間ヒストグラム（C.F.は特徴周波数の略，刺激音と書いている横棒は刺激音が出ている時間を示す）

方，オンセット型，チョッパ型，ポーザ型応答細胞は後腹側核，背側核で多くみられ，入力刺激音の特徴変化に対応して刺激後時間ヒストグラムの形状が変化する．蝸牛神経核は，聴神経により入力された神経発火列から，入力刺激音の特徴（音の始まり，振幅の変化等）を抽出していると考えられる．

〔3〕 **上オリーブ複合体** 上オリーブ複合体は，左耳からの信号と右耳からの信号が初めて交わる位置にある複数の核の集合体である．その中で，**外側上オリーブ核**および**内側上オリーブ核**は，それぞれ，音の**強度差**と**時間差**を符号化しており，全体として方向定位に関係する部位であるといわれている．これらの核では，異なる周波数に反応する部位が層状に重なっており，トノトピーが保存されている．

外側上オリーブ核は，同じ側の蝸牛神経核（前腹側核）のおもに特徴周波数が高い部位から神経発火を引き起こす興奮性の信号，反対側から神経発火を抑える抑制性信号の入力を受け，その差を符号化している．**図2.13（a）**に示すように，仮に右耳への入力が大きい場合，右側の細胞では興奮性入力の神経発火頻度が抑制性入力の神経発火頻度より高くなり神経発火が生じる．左側の細胞では抑制性の入力が勝つため，発火は生じない．これにより，右耳と左耳への入力刺激音の**強度差**が抽出される．

一方，内側上オリーブ核は，両側の蝸牛神経核（前腹側核）のおもに特徴周

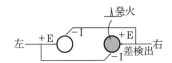

右耳に到達した音が大きい場合，右側の差検出細胞では興奮+Eが抑制−Iに打ち勝ち，神経発火が生じる．

（a）外側上オリーブ核：強度差検出

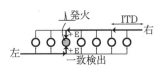

音が右耳により早く到達し，ITDだけ進んだところで左耳からの信号が入ってくる．このため，左右の耳からの興奮+Eが出会う一致検出細胞は，中心から左にずれる．位置のずれがITDと関係する．

（b）内側上オリーブ核：時間差検出

● 発火細胞　　　+E 興奮　　　−I 抑制

図2.13　強度差と，時間差の検出回路の模式図

波数が低い部位から興奮性の入力を受け入れて，これらの時間差に反応する。内側上オリーブ核内には，図（b）に示すように，興奮性の信号が同時に入ってきたときだけ発火する**一致検出細胞**が並んでいる。仮に入力が右耳に早く到達した場合，右からの信号はいち早く内側上オリーブ核に到達し，左に向かって進む。遅れて入ってきた左耳からの信号も右に進むが，伝達の距離に応じた時間遅れが生じるため，左右の時間差に応じて，発火する一致検出細胞はその時間差だけ中心から左にずれる。これにより，右耳と左耳への入力刺激音の**時間差**が抽出される。

2.2.5　中脳および聴覚野

中脳および聴覚野に存在する核は，末梢側から順番に**下丘**，**内側膝状体**，**1次聴覚野**，**大脳**の順で並んでいる。しかし，これらの働きについてはまだまだ詳しくはわかっていない。

生理学的・心理学的な研究成果によれば，中脳および1次聴覚野では，以下のことがわかっている。

1）　脳幹までと同様にトノトピーが保存されている。

2）　トノトピーが保存されているそれぞれの場所での神経発火頻度から，周波数ごとの成分の強さの情報が取り出されている。成分の強さの時間的変化を時間-トノトピー平面で表現したものを聴覚スペクトルという。

3）　聴覚スペクトルの概形（聴覚スペクトルの山（谷）の位置，対称性，帯域幅，山（谷）の時間的変化等）が符号化されている。

2.3　聴覚による知覚

音の基本的属性（音の感覚の要素）は，**ラウドネス**（**音の大きさ**），**ピッチ**（**音の高さ**），**音色**である。物理量としてはそれぞれ振幅，基本周波数，それ以外の特徴に対応する。

2.3 聴覚による知覚　　37

2.3.1　ラウドネスの知覚（✏2-C）

強い音はラウドネスが大きく弱い音は小さく感じる。しかし，物理的に同じ強度の音であっても他の物理的性質が異なると，必ずしも同じ大きさに感じられるわけではない。つまり，ラウドネスは，周波数スペクトル，継続時間などにより異なる（1.4.5項，6.3.1項参照）。1.4.5項の等ラウドネスレベル曲線にも示したように，ラウドネスは音圧と周波数に依存しており，人間が音として知覚できるとされている 20 Hz〜20 kHz のうち，1 kHz〜5 kHz で感度が高い。ある周波数において，人間の聞こえる最も弱い音の音圧を**最小可聴値（聴覚域値）**という。

継続時間の短い音（およそ 200 ms 以下）は，長い音に比べてラウドネスが小さく聞こえる。最小可聴値も音の継続時間に依存することになり，聞こえるためには，音の強さを大きくしなければいけない。継続時間が 500 ms を超えるような音の最小可聴値を I_T としたとき，継続時間が短い音（長さ t）の最小可聴値 I との間には

$$(I-I_T) \times t = I_T \times \tau = 一定 \tag{2.2}$$

の関係がある。すなわち，ある時間間隔で積分されたエネルギー量が同じになるとき，知覚されるようになる。なお，時定数 τ の値は実験条件によってかなりの開きがあるが，100 ms 〜数 100 ms と考えられる。

基準音との比較により，ラウドネスが 2 倍，あるいは 1/2 倍となる音を探してみると，その音は基準音よりおよそ 10 dB 強さが大きい，あるいはおよそ 10 dB 強さが小さい音となる。すなわち，音の強さ I とラウドネス L の関係は k を比例定数として，おおむね

$$L \approx kI^{0.3} \tag{2.3}$$

となることが知られている。音のレベルが 10 dB 上昇するごとに，ラウドネスはおよそ 2 倍，4 倍となるのである。

2.3.2　マスキング（✏2-D）

地下鉄の中など大きな音が存在する環境では，普段しゃべっている声の大き

38   2. 音を聞く仕組み

さではコミュニケーションができない。これは，二つの音がほぼ同時期に存在するとき，一方の音によって最小可聴値が上昇し，他方の音を聞こえなくするために生じると説明されている。最小可聴値が上昇する現象を**マスキング**，上昇量を**マスキング量**といい，マスクする音を**マスカ**と呼ぶ。

マスキングには，大きく分けて**同時マスキング**と**継時マスキング**がある。同時マスキングは，マスカと信号音が同時に存在しその周波数成分が等しいか接近している場合に信号音が聞こえなくなる現象である。基底膜の振動している範囲に関係していると考えられている。継時マスキングは，信号音とマスカが時間的に順番に与えられるとき，信号音が聞こえなくなる現象であり，内有毛細胞の短時間順応に関係していると考えられている。どちらも，強い音が時間的にも周波数的にも近くにあれば，弱い音は聞こえなくなることを示している。そこで**MP3**などのように，この現象を用いて大きな音の周りでは符号化を粗くする方法が，音楽，音声などの情報圧縮に用いられている（5.4.2項参照）。

2.3.3　聴覚フィルタと臨界帯域

同時マスキングで，純音や帯域の狭い雑音をマスカに用いてマスキングが及ぶ周波数範囲を調べると，マスキング量は帯域フィルタの特性を示すことが知られている。この特性を詳細に測定した結果から，**聴覚フィルタ**の存在が示唆されている。聴覚フィルタは（1）中心周波数が連続的に変化する帯域フィルタ群であり，信号音の周波数に近い中心周波数をもつ帯域フィルタによって信号音を周波数分析する，（2）信号音のマスキングに影響を及ぼす雑音成分はこの帯域フィルタ内の周波数成分に限られる，という性質をもつとされる。聴覚フィルタの周波数帯域幅は**臨界帯域**（CB：critical band）と呼ばれる。

聴覚フィルタの概念は，フィルタ群により周波数分析を行う方法（フィルタバンク）の基礎となっている。また，臨界帯域を考慮した周波数軸として，臨界帯域を 1 Bark とする尺度が用いられてきた。

しかし，1970 年代にノッチ雑音マスキング法という，精度のよい心理物理実験法が提案され，これを用いて，聴覚フィルタの帯域幅に相当する**等価矩形**

2.3 聴覚による知覚

帯域幅（**ERB**：equivalent rectangular bandwidth）と中心周波数 f〔Hz〕との関係が実験的に求められた。健常耳の場合，添え字 N を付けて

$$\mathrm{ERB_N} = 24.7\left(\frac{4.37f}{1\,000}+1\right)\ \text{〔Hz〕} \tag{2.4}$$

となる。この値は，臨界帯域幅の高精度な近似値として広く用いられている。また，Bark 尺度に対応させて，$\mathrm{ERB_N}$ を幅1として周波数軸を変形した $\mathrm{ERB_N}$-number が提案された。

$$\mathrm{ERB_N\text{-}number} = 21.4\log_{10}\left(\frac{4.37f}{1\,000}+1\right) \tag{2.5}$$

$\mathrm{ERB_N}$-number は，基底膜上の振動の最大点までの距離（式 (2.1)）と周波数の関係にきわめて近い（図 2.14）。

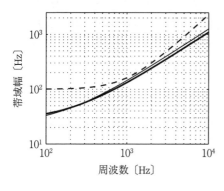

破線：ツビッカーが求めた臨界帯域。細い実線：基底膜上の 0.9 mm が帯域幅となるように式 (2.1) から求めた値。太い実線：等価矩形帯域幅（$\mathrm{ERB_N}$，式 (2.4)）に基づく臨界帯域幅。

図 2.14 聴覚フィルタの中心周波数に対する帯域幅の値

2.3.4 音の高さ知覚のらせん構造とピッチ （●2-E, ●2-F）

周波数が上昇するに従って音は高く聞こえる，すなわちピッチが高く知覚される。これは，周波数に対してピッチが単調増加となる性質をもっていることを示している。この直線的な性質を**トーンハイト**という。一方，音の高さには循環的な性質もある。周波数を上昇あるいは下降させると，元の音と1オクターブ離れたところで，元の音と共通するような性質が知覚される。ドの音の1オクターブ高い音，あるいは低い音がやはりドと呼ばれるゆえんである。このような循環的性質を**トーンクロマ**という。

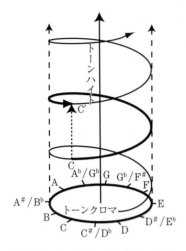

図 2.15 トーンハイトとトーンクロマ（シェパードのモデル）

トーンハイトとトーンクロマは，図 2.15 に示すように 3 次元空間内で記述され，周波数の上昇によりらせんを描く。

1 オクターブは物理的に周波数が 2 倍の違いとなるが，周波数が 2 倍となってもピッチが 2 倍と知覚されるとは限らない。純音の周波数とピッチの関係は心理物理実験により求められており，その心理尺度を **mel**（**メル**）という。この実験では，1 000 Hz の純音の音の高さを 1 000 mel として，2 倍の高さ（2 000 mel），1/2 の高さ（500 mel）に聞こえる音を求めている。図 2.16 に周波数 Hz と mel の関係を示す。図からわかるように，1 000 mel（1 000 Hz）の音のちょうど半分の高さ（500 mel）の音の周波数は 414 Hz となっており，オクターブの音は 2 倍の高さに達していない。一方，1 000 Hz 以上では，音の高さはほぼ周波数の対数に比例している。

これらの関係は次式で表され

$$\mathrm{mel} = \left(\frac{1\,000}{\log_{10} 2}\right) \log_{10}\left(\frac{f}{1\,000} + 1\right) \quad f \text{の単位は} [\mathrm{Hz}] \tag{2.6}$$

フィルタバンクの設計，音声特徴量の抽出などに用いられている（図 2.16）。

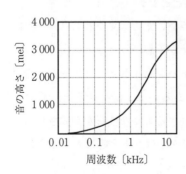

図 2.16 音の高さのメル尺度

2.3 聴覚による知覚　　41

2.3.5 音　　　　色

日本工業規格 JIS Z8106 によれば，**音色**は次のように定義されている。

〈JIS での定義〉聴覚に関する音の属性の一つで，物理的に異なる二つの音が，たとえ同じ音の大きさ及び高さであっても異なった感じに聞こえるとき，その相違に対応する属性。

しかし，JIS の定義では，大きさと高さ以外の属性をすべて音色に含めており，また，音色を比較するには大きさと高さがそろっていなければいけないなど，大きさや高さにより音色が変化することを認めていないため制約が大きい。このため，次のような定義が提案されている。

〈新しい定義〉　音源が何であるか認知するための手がかりとなる特性であり，音を聞いた主体が音から受ける印象の諸側面の総称。

この定義では，音色は JIS Z8106 の定義よりももっと総合的に音の個性を表すものとして扱われている。

　これら2種類の定義を比べると，聞いている音が定常的な純音の場合には，ラウドネスとピッチ以外に異なることはないため，同じこととなる。しかし，音が多数の周波数成分を含む複合音である場合，ピッチを決める基本周波数あるいは音圧が異なっていても，同じ音源からの音であるとの判断が可能となる。例えば，楽器が異なる高さの音を奏でていても，私たちはこれらの音が同じ楽器で演奏されている音であると判断できるからである。これは，それぞれの音の基本周波数が異なっていたとしても，調波成分の強度（スペクトル形状）や時間変化が，同じとなることに起因している。その意味で，上記の二種類の定義のうち，後者のほうが，より適切であると考えられる。

　上記のように，音色はその音の周波数スペクトルと強い関連があるほか，周波数スペクトルの時間変化や，音の強さの時間変化などによっても変化する。このように，音色には多くの物理要因が関わっている。

　多くの物理要因との関係を背景として，音色は，3次元以上の知覚的な**多次**

元構造をもっていることが知られている。多次元構造を表す因子としては，**美しさの因子**，**量・迫力の因子**，**明るさの因子**の3種類が代表的である。

2.4 音の選択的聴取

私たちが生活している環境にはたくさんの音が存在するため，聞こうとする目的の音はつねに別の音に邪魔されており，マスキング等が生じる。このため，私たちが外界から目的音の情報を得るためには，聴覚により目的音を選択し，必要な情報を得る必要がある。

2.4.1 カクテルパーティ効果

かつて聖徳太子は同時に10人の訴えを聞きそれを処理した，といわれている。私たち一般人がこれを真似ようとしてもうまくはいかないだろうが，10人の中の一人の話す内容に注目して聞き取ることは，私たちにとってもさして難しいことではない。このように，二つ以上のメッセージが混在していても一方を選択的に聴取可能であるような聴覚上の効果を**カクテルパーティ効果**と呼んでいる。

カクテルパーティ効果が生じる原因としては，音の始まりの違い，音の到来方向の違い，音の高さの違い，音色の違い，また，音声の場合には言語的知識，経験，話し相手と対面している場合は唇の動きなどの視覚情報などが関係していると考えられている。

2.4.2 時間軸上の現象（イベント）の取得

音の始まりの違いの知覚について，聴覚には次のような特性がある。図2.10でも示したように，聴神経は音の始まりで多く発火し，その情報を脳に伝える。すなわち，新たな現象の始まりに敏感で，時間軸上のイベントを取得するのに優れているのである。

2.4 音の選択的聴取　43

　視覚では空間情報が得られない場合，例えば，死角になっている，あるいは暗闇であるとき，私たちは聴覚により外界の情報を得ようとする。視覚は，見える範囲において空間の情報を得る感覚器としては優れているが，見えない範囲において突然生じる環境の変化に対しては無力である。ところが聴覚は，突発的に生じる環境の変化を時間軸上の音の急激な変化としてとらえることができる。これにより見えない敵から身を守ることもできるのである。

2.4.3　音脈の形成

　人間が音声あるいは音楽を聞く場合，まず音の始まりの違い，音の到来方向の違い，音の高さの違い，音色の違いなどを用いて音響的な特徴をバラバラにわける（分離），そして，言語的知識，経験などを用いて似た者同士を寄せ集め（群化），時間方向につながりよく時間軸上のイベントを並べる（**音脈**の形成）という三つの処理を行ったうえで聞き取っていることがわかってきた。この一連の働きを**分凝**と呼ぶ。

　分凝とは，属性が異なるものを分解するだけではなく，属性の成り立ちまで立ちかえって**群化**を行い，意味ある情報を形成することである。

　群化および音脈の形成の際に適用される規則として，（1）音の立上がり／立下がりの周波数間での同期性，（2）倍音構造，（3）変化の滑らかさ，そして，（4）周波数成分の振幅変化の類似性という四つの規則が提案されている。**図2.17**に規則の概要を示す。それぞれの規則について，左図は規則に従っており音脈が一つ，右図は規則から外れているため音脈が二つ聞こえる音となる。

　目的の音と別の音が混在していたとしても，一般に二つの音は，同時には始まらない，同じ基本周波数・倍音構造はもたない，別の音が鳴り始めるとその時点に音圧の急激な変化が現れる，そして，異なる音は類似の変化をしない。このため，分離・群化・音脈形成の過程を経ることにより，複数の音の中から目的の音が取り出しやすくなり，一つの音のつながり＝音脈として目的の音を知覚することができる。

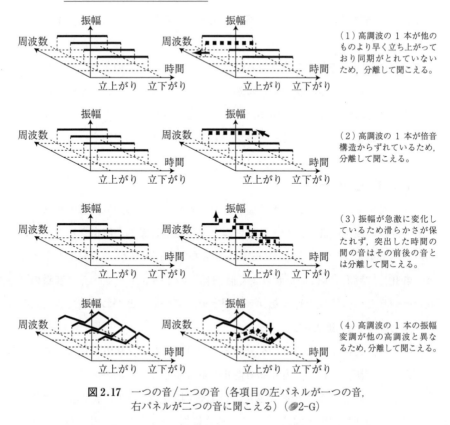

図 2.17 一つの音／二つの音（各項目の左パネルが一つの音，右パネルが二つの音に聞こえる）（●2-G）

2.5 難　　　　　聴

　聴覚機能の低下により，健常者と比べて聴力が一般に 20 dB 以上低下している状態を**難聴**という。障害の原因により，**伝音性難聴**と**感音性難聴**に大別されている。両方を含む場合もあり，**混合性難聴**と呼ばれる。

　伝音性難聴は，外耳または中耳の障害に起因する難聴である。外耳道の閉鎖，鼓膜の異常，耳小骨の異常等により，物理音響的な音伝搬が十分に機能しない場合に生じる。

　感音性難聴は，内耳もしくはそれ以降の神経系の障害に起因する難聴であ

る。加齢，あるいは，強大な音の連続聴取による内耳の外有毛細胞の破壊，聴神経の切断，聴覚神経系の破壊等により，神経発火が阻害されたり，また，伝達経路そのものが十分に機能しなかったりした場合に生じる。一般に，式 (2.3) にも示したが，音の強さを増すとそれに従って音の大きさも増大する。しかし，内耳に障害がある場合には，音の強さに対するラウドネスの感覚はこの法則通りとはいかず，音の強さが比較的弱いときはまったく聞こえないが少し強くすると急激にラウドネスが増して大きな音と感じられる現象（**補充現象，リクルートメント現象**）が生じる。これにより，特に子音が間違いやすくなり，話者によって言葉が聞き取れない，また間違って聞こえてしまうといった症状が見られる。感音性難聴ではまた，音の選択的聴取が困難となる場合がある。静かな場所での1対1の会話は聞き取れるが，騒がしい場所での会話が聞き取れないなどの症状が見られる。

　伝音性難聴の場合には**補聴器**などの器具を用いて音の強さを増大させることにより聴力損失を補うことができる。しかし，感音性難聴の場合には，リクルートメント現象があるため，一概に音の強さを増大させることはあまり効果的ではない。効果的な補聴のためには，リクルートメント現象によるラウドネス知覚の歪みを補正するための厳密な補正法が必要となる。音の強さをむやみに増大させても，感音性難聴による障害を補償したことにはならず，言葉の聞き取りの改善が限定的であったり，リクルートメント現象により音が大きくなりすぎて不快になったりするからである。

さらに勉強したい人のために

1) J. O. ピクルス著，谷口郁雄監訳：聴覚生理学，二瓶社 (1995)
2) B. C. J. ムーア著，大串健吾監訳：聴覚心理学概論，誠信書房 (1994)
3) 日本音響学会編：聴覚，コロナ社 (2021)

3 音の収録と再生

　携帯電話は電気で動く装置である。その携帯電話から着信メロディが鳴り始めた。着信メロディや電話の話し声が聞こえたり，逆に，声を取り込んだりできるということは，電気を使って音，つまり音波を出したり，逆に音波を電気の信号として取り込んだりできる仕組みがあるからだ。

　音を取り込む部品の名は，マイク。正式名はマイクロフォン。カラオケ用のものはどっしりとして大きいけれど，携帯電話のはどこについているのかわからないほど目立たない。マイクロフォンにもいくつかのタイプがあるのだ。音を発生する部品はスピーカ。ヘッドフォンもスピーカの仲間だ。音を出す仕組みにもいくつかのタイプがある。

　マイクロフォンにしても，スピーカにしても，音波と電気信号との間をやりとりする変換器という意味では，共通の原理も多い。どのような原理が使われ，また，その原理をもとに，実際にはどのような仕組みで作られているのだろう。この章では，これらのことについて，基礎的な説明を行っていくことにしよう。また，臨場感豊かな音を再生する音響システムや，マイクロフォンで取り込まれた音から必要な音だけを取り出す技術など，音を操作するシステム技術についても基礎的な仕組みを説明していくことにしよう。

3.1 音から電気信号への変換 —マイクロフォン—

3.1.1 マイクロフォンの仕組み

人は微小な圧力の変化を敏感に捕らえることのできる耳をもっている。2章で述べたように，耳介，外耳道を経由して鼓膜に気圧の変化が届き，これによって鼓膜が振動する。これが内耳に伝わり，神経パルスが発生する。収音をする際にはこれと同じように，音による微小な圧力変化を機械的に検出し，電気信号に変換する電気音響変換器が必要である。それが**マイクロフォン**である。これまでにさまざまな種類のマイクロフォンが開発され，それぞれが特徴をもっている。ここでは，マイクロフォンの基本的な仕組みとその特性について述べる。

図3.1は，マイクロフォンの一般的な概念を示したものである。この図に示すように，振動板は微小な大気の圧力（音圧）の変化により振動する。音圧はとても微小な気圧変化なので，これを効率よく捕らえるために振動板には軽量で薄い膜状の素材が用いられる。振動板は**ダイアフラム**とも呼ばれる。次に，この振動板の振動を何らかの方法で電気信号に変換する。その方法には，電磁誘導の法則を用いる方法や，静電容量の変化を利用する方法などさまざまな工夫があり，どのような方法を用いているかによってマイクロフォンの型が分類されている。

さまざまなマイクロフォンの種類を**表3.1**に示す。以下，これらについて

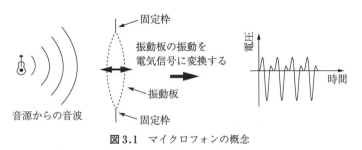

図3.1　マイクロフォンの概念

表3.1 マイクロフォンの種類と動作原理

種類	動作原理
ダイナミック（動電型）マイクロフォン	振動板の振動により電磁誘導を発生させ，電気信号に変換する。さらに可動コイル型とリボン型に分類される。
コンデンサマイクロフォン	振動板と金属板でコンデンサを構成し，振動を静電容量の変化として電気信号に変換する。
圧電マイクロフォン	圧電素子を用いて，振動を圧電効果により電気信号に変換する。
光マイクロフォン	振動板の変位で光の大きさや位相を変化させ，これを電気信号に変換する。

少し詳しく説明していこう。

〔1〕 **ダイナミック（動電型）マイクロフォン**　磁界の中で磁界と直交する向きに導体を動かすと，これら両者と直交する向きに起電力が発生する。この現象を電磁誘導という。このとき起電力の発生する向きは，**図3.2**のように右手の親指，人差し指，中指を直交させて考えたとき，人差し指の方向の磁界の中で親指の方向に導体を動かすと，中指の方向となる。これをフレミングの右手の法則という。電磁誘導を基本原理とするマイクロフォンを**ダイナミックマイクロフォン**という。電磁誘導は，導体の動きと発生する起電力の間に比例関係が成り立つため，原理的に歪みが少ないという特徴をもつ。ダイナミックマイクロフォンは，**動電型マイクロフォン**とも呼ばれ，ムービング（可動）コイル型とリボン型に分類される。

図3.2 フレミングの右手の法則

図3.3と**図3.4**は，**ムービングコイル型マイクロフォン**の概念図と外観である。図3.3の中央，磁石に抱かれたように置かれているものがムービングコイルである。このコイルは，振動板（ダイアフラム）と結合された円筒に巻かれており，そのコイルの内側に磁石がある。このコイルを**ボイスコイル**という。図の左側にある音源から到来する音波を振動板が受け，音圧の変化に対応して前後に振動するので，それにあわせて振動板に物理的に結合されているボ

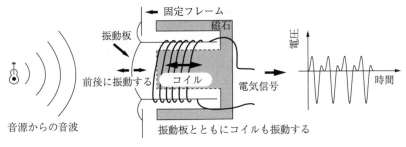

図 3.3 ムービングコイル型ダイナミックマイクロフォンの動作原理

網状のカバーは風防（ウィンドスクリーン）と呼ばれ，呼気や風による雑音を防ぐ効果がある．

図 3.4 ダイナミックマイクロフォンの外観

イスコイルも前後に振動する．磁界中のコイルが前後に動作すると，磁界と運動が直交しているので**フレミングの右手の法則**により，コイルの導線の方向に沿って電圧が発生する．

　ムービングコイル型は，広い周波数帯域において十分な性能を有し，電源が不要である．また，大音量でも歪みにくい特徴をもつ．なお，図 3.3 に示すような，音圧の変化を電気信号に変換する変換器そのものを変換の方式によらずマイクロフォンユニットという．

　次に，**図 3.5** と**図 3.6** に**リボン型マイクロフォン**の構造と外観を示す．リボン型では，永久磁石の磁極間に極薄のリボン状の振動体が配置されている．磁界中で音の粒子速度（8.4 節参照）によって引き起こされたリボン振動体の振動が**フレミングの右手の法則**に基づく電圧を生じさせる．

　リボン振動体が軽く動きやすいために，高域にも強く，広い周波数帯域を収録できる．しかし，リボン振動体が軽いが故に，呼気やちょっとした振動にも反応してしまうという短所があり，風防や防振の設計には細心の注意が払われている．

50　3. 音の収録と再生

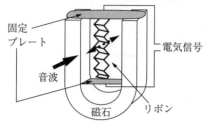

図3.5 リボン型ダイナミックマイクロフォンの動作原理

図3.6 リボン型ダイナミックマイクロフォンの外観

〔2〕**コンデンサマイクロフォン**　コンデンサマイクロフォンは，マイクロフォンユニットが音によって静電容量の変化するコンデンサ（キャパシタ）となるように作られており，その変化を電気的に取り出すものである。**図3.7**に示すように，音によって振動する金属薄膜（ダイアフラム）と，それに並行

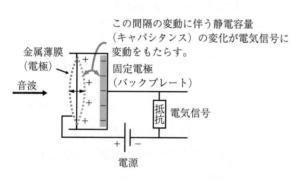

図3.7 コンデンサマイクロフォンの動作原理

に配置した金属板（バックプレート）とをフレームに固定し，コンデンサを構成する。コンデンサは，二つの電極間の間隔に反比例して静電容量が変化する。また，コンデンサの両端の電圧は静電容量に反比例する。したがって，音圧が加わることにより金属薄膜が変動して静電容量が変化し，その静電容量の変化により電極の端子電圧が変化する。そのため，出力に置かれた抵抗の両端に，音圧に応じて変化する出力電圧が得られることになる。ただし，この動作原理を実現するためには，このコンデンサが一定の電荷を蓄えている必要がある。そこで，金属薄膜と金属板に直流電圧をかけて電荷を蓄える。また，この直流電圧をかけるタイプのほかに，振動板に半永久的に電荷を蓄える素材を用いた**エレクトレット**（電荷を保持した薄

膜）による**エレクトレットコンデンサマイクロフォン**がある。素子自体が電荷をもっているので高い直流電圧を加える必要がない。

コンデンサマイクロフォンは，比較的平坦な周波数特性が特徴である。そのため，通常の音の収録用だけでなく，計測用としても広く用いられている。コンデンサマイクロフォンの外観を図 3.8 に示す。

エレクトレットコンデンサマイクロフォンの基本構造を半導体上で実現している超小型マイクロフォンが，**シリコンマイクロフォン**である。**MEMS**（micro electro mechanical systems）技術を利用して，半導体 IC と同じ製造過程により作成される。図 3.9 にその構造を示す。音が通過するための穴（音孔）があいた厚いシリコン酸化膜と薄いシリコン酸化膜が対を構成している。薄いシリコン膜が振動することにより静電容量が変化する。厚いシリコン膜はエレクトレットの役割も果たしている。図 3.10 はシリコンマイクロフォンの外観である。半導体技術を利用しているため，このようにマイクロフォン本体をきわめて小さく作ることができる。携帯電話などに広く用いられている。

〔3〕 **圧電マイクロフォン**　ある種の誘電体に応力を加えると電圧が発生し，逆に電圧を加えるとそれ自体が変形する。これは**圧電効果**や**ピエゾ効果**と呼ばれる現象である（7.2.1 項参照）。**圧電マイクロフォン**は，この圧電効果を動作原理としたものである。図 3.11 に示すように振動板が圧電素子の片面

図 3.8　コンデンサマイクロフォンの外観

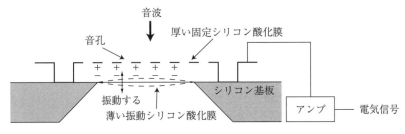

図 3.9　シリコン（MEMS）マイクロフォンの構造

52   3. 音の収録と再生

図3.10　シリコン（MEMS）マイクロフォンの外観

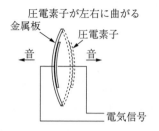

図3.11　圧電マイクロフォンの原理

についており，振動板が振動すると圧電素子が変形して電気信号に変換する。

圧電マイクロフォンは小型軽量であり低コストで生産できるが，周波数特性はあまり平坦ではない。

〔4〕**光マイクロフォン**　光を使って振動を検出する**光マイクロフォン**は，音波による振動板の振動に伴って光量や位相が変化するような構造をもっており，それによって音に応じた電気信号を得る。**図3.12**は，振動板の変化を光の反射光量に基づいて検出するタイプの光マイクロフォンの概念図である。振動板に光をあてるとその反射光が受光器に届くが，振動板の変形の度合いにより受光器に届く反射光の量が変わり，この光の量をフォトダイオードやフォトトランジスタなどの光電素子により電気信号に変換する。

磁界の影響を受ける環境で用いることができる特徴をもつ。高精度な光学調整が必要であり，コストやサイズで課題があるが，今後が期待できるマイクロフォンである。

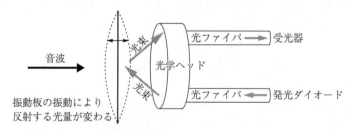

図3.12　光マイクロフォンの概念図

3.1.2 マイクロフォンの電気特性

3.1.1項では，マイクロフォンにはいくつかの種類があり，それぞれに特徴があることを述べた。このような特徴のいくつかは，以下で述べる電気的な特性で表すことができる。

〔1〕 **入力感度**　ある音圧での入力に対してどれくらいの出力が得られるかを意味する。単位は dB である。1 Pa の音圧をマイクロフォンが受けた際に，電気信号の出力が 1 V である場合を 0 dB とする。例えば，出力が 1 mV の場合，$10 \log_{10}(1\,\mathrm{mV})^2/(1\,\mathrm{V})^2 = 10 \log_{10}(10^{-3}/1)^2 = -60$ dB である。

〔2〕 **周波数特性**　マイクロフォンの感度が入力周波数によってどのように変化するかを示したものである。**図 3.13** にダイナミックマイクロフォンとコンデンサマイクロフォンの周波数特性の例を示す。横軸が周波数，縦軸が 1 kHz での出力を 0 dB とした感度である。図からわかるように，低域と高域において十分な感度が得られない範囲があることがわかる。あるマイクロフォンが，基準となる周波数（通常は 1 kHz）とほぼ同じ感度をもっている周波数の範囲は，そのマイクロフォンが扱える周波数範囲ともいえる。そこで，その周波数範囲を最低周波数と最高周波数で示し，感度の幅を添えて表示すると便利

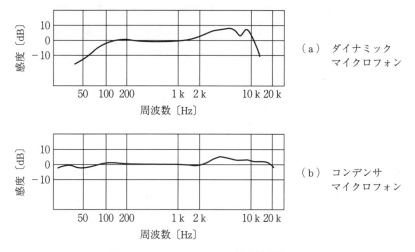

図 3.13　マイクロフォンの周波数特性の例

である。例えば、「15 Hz − 21 kHz ± 3 dB」と表示されている場合は、15 Hz から 21 kHz の範囲内では出力が ± 3 dB 以内の変動をすることを示す（感度幅としては、± 10 dB もよく用いられる）。このような周波数の幅を周波数特性と呼ぶ場合もある。図（a）と図（b）を比較すると、図（a）のダイナミックマイクロフォンに比べ、図（b）のコンデンサマイクロフォンの周波数特性は、低域や高域まで利得がある（感度が保たれている）ことがわかる。

〔3〕 **指向特性**　　音の到来方向により感度がどのように変化するかを示す特性である。詳しくは 3.1.3 項で述べる。

〔4〕 **ダイナミックレンジ**　　取り扱える一番弱い音と一番強い音の幅を示す。最小値と最大値の比率を dB で表す。

マイクロフォンの特性を表す電気特性には他に、**信号対雑音比**（**SN 比**）、**最大入力許容音圧**などがある。

3.1.3 指 向 特 性

マイクロフォンには**図 3.14** に示すような外観のものがある。また、これらには、さまざまな方向からの音を均一に収音できるものと、特定の方向の音を他の方向に対して相対的に強調するものがある。方向に関する感度の変化を示す特性をマイクロフォンの**指向特性**あるいは**指向性**という。**図 3.15** は（a）、（c）、（d）にグレーで示したマイクロフォンの方向に対する水平面での感度特性、すなわち指向特性を示したグラフである。0° が正面、90° が右方向というように角度が方向を、また、中心からの距離が感度を示している。なお、図 3.15（b）は無指向性であり、全方向に感度をもつため、マイクロフォンの向きを考慮する必要はない。

図 3.15（a）は、**単一指向性マイクロフォン**の水平面上での典型的な指向特性である。正面方向からの感度が高く、真後ろからの音には感度が低い特性である。正面方向を中心に感度をもつため、カラオケやインタビューなどに広く用いられる。図 3.14（a）は、カラオケなどでよく見かける手にもって利用するタイプの外観である。側面にスリット（空気穴）が設けられてダイアフ

3.1 音から電気信号への変換　　55

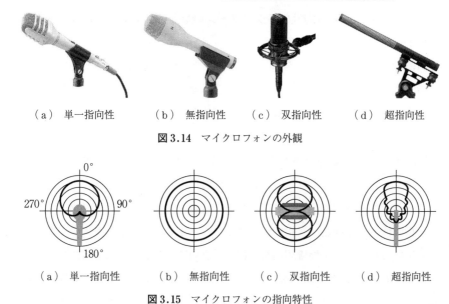

（a）単一指向性　　（b）無指向性　　（c）双指向性　　（d）超指向性

図3.14　マイクロフォンの外観

（a）単一指向性　　（b）無指向性　　（c）双指向性　　（d）超指向性

図3.15　マイクロフォンの指向特性

ラムの背面にも音が到達する。これによりダイアフラムは音圧だけでなく，粒子速度にも対応した動作を行う。その結果，正面方向からダイアフラムの前面と背面に到来した音による出力は足し合わされ，逆に後ろから到来した音に対しては出力が打ち消されて，図3.15（a）に示すように正面方向を中心としたハート型の指向特性となる。このような形状を**カーディオイド型**†という。

　図3.15（b）は**無指向性マイクロフォン**の指向特性である。どの方向も同等の感度を有しており，円形の指向特性となる。図3.14（b）が外観であり，図3.14（a）の単一指向性マイクロフォンと比べると，横方向に背面から音を入れるスリットがないことが見てとれる。全方向から音が入るので，空間による響きを重視した音楽録音や環境騒音測定などに使われる。

---

†　カーディオイドとは心臓型という意味の言葉である。

56　　　3. 音の収録と再生

　図3.15（c）は**双指向性マイクロフォン**の指向特性である。左右に感度を
もたず，前後方向に高い感度をもち，8の字形の指向特性となる。対談などで
便利に用いられることがある。図3.14（c）がその外観であり，単一指向性，
無指向性と比べて，音を取り入れるメッシュ面が両面に設けられていることが
わかる。これにより，音圧ではなく，粒子速度に対応した出力が得られ，結果
として，双指向性が得られる。

　図3.15（d）は**超指向性マイクロフォン**の指向特性である。単一指向性マ
イクロフォンの指向性よりさらに鋭い指向特性を有し，ある方向からの遠距離
の音を収音する目的で用いられる。図3.14（d）のような棒状のものであり，
単一指向性，無指向性，双指向性のマイクロフォンに比べ形状が大きくなる。
広く用いられるのは**干渉管型超指向性マイクロフォン**と呼ばれるものである。
これは，音響（干渉）管を用い，干渉を生じさせて鋭い指向性を実現してい
る。具体的には，**図3.16**に示すように音響管長手方向からの音は直接マイク
ロフォンユニットに到達し，収音される。一方，それ以外の方向では，スリットを通り抜けた音と音響管入り口から回り込んだ音が音響管の中で干渉して打ち消しあうことにより，マイクロフォンユニットにはその方向の音が到達しない。幅広い帯域で二つの音が逆位相になり打ち消し合うように設計する必要がある。

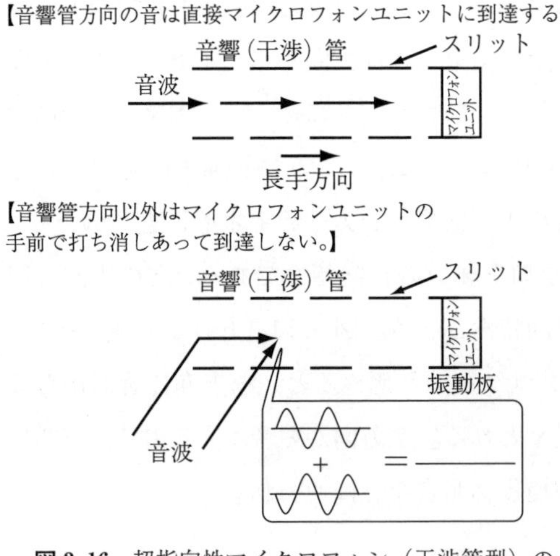

【音響管方向の音は直接マイクロフォンユニットに到達する。】

音響（干渉）管　　　スリット

音波

長手方向

【音響管方向以外はマイクロフォンユニットの
手前で打ち消しあって到達しない。】

音響（干渉）管　　　スリット

振動板

音波

図3.16　超指向性マイクロフォン（干渉管型）の
　　　　　音響管の役割

3.2 電気信号から音への変換

3.2.1 スピーカの動作原理

マイクロフォンは，微小な気圧の変化を電気信号に変換する機器である。一方，電気信号を音にするには逆に，電気信号を印加して機械的な振動を起こす電気音響変換器が必要である。これが基本的なスピーカの動作原理である。電気信号を機械的な振動に変換するおもな仕組みには，**ダイナミック（動電）型**と，**マグネティック型**，**コンデンサ型**，**圧電型**がある。ダイナミック型は，振動板の形状により，**コーン型**と**ドーム型**に分類される。また，スピーカそのものの形状に由来する分類としてホーン型がある。

〔1〕 **ダイナミックスピーカ**　ダイナミックスピーカは，ダイナミックマイクロフォンと同じく，電磁誘導を基本動作原理としている。リボンを用いたものも少数あるが，ほとんどはムービングコイル型マイクロフォンと同じく，磁石とコイル，振動板が**図3.17**に示すように構成されている。このコイルはボイスコイルと呼ばれる。電気信号がボイスコイルに伝わり，**フレミングの左手の法則**に従って力が発生するため，ボイスコイルと物理的に接続している振動板が振動する。この振動板の振動が，音圧の変化を生じさせる。

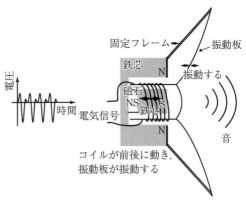

図3.17　ダイナミックスピーカの原理

振動板の大きさはスピーカで発生可能な音の周波数帯域と関係がある。振動板を大きくすることにより低域を再生することが可能である。また，振動板の形状には，**図3.18**にあるように**コーン型**，**ドーム型**がある。コーン型は低・

58   3. 音の収録と再生

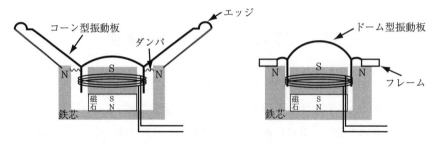

図3.18　コーン型とドーム型スピーカの形状

中域の再生に用いられ，ドーム型は中・高域に用いられる。

〔2〕**マグネティックスピーカ**　磁石とコイルを用いているが，ダイナミック型とは別の動作原理によるスピーカとして，**マグネティックスピーカ**がある。ダイナミックスピーカではボイスコイルが磁界の中で電磁誘導によって

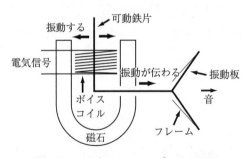

図3.19　マグネティックスピーカの原理

動いていたが，マグネティックスピーカは，**図3.19**のようにボイスコイルが動かず，ボイスコイルの中を突き通っている**可動鉄片（アーマチュア）**が，電気信号によって生じた磁界の変動に応じて振動する。

マグネティックスピーカは20世紀の中頃までは広く用いられたが，大きな出力が得られにくいことや，周波数帯域が狭く歪みも大きいことから一旦はあまり用いられなくなった。しかし，アーマチュアが対称な形となっているバランスト・アーマチュアが開発され，歪みが大幅に減少し，再生帯域は狭いものの中高域で優れた音質を実現できるようになった。そのため，微細加工技術の発展により小型化が可能となったこととあいまって，現在ではヘッドフォン用として再び広く用いられている。

〔3〕**コンデンサスピーカ（キャパシタスピーカ）**　**コンデンサスピーカ**は，電荷を蓄えたコンデンサの極板間に働く力（静電力）を用いて動作する。**図3.20**に示すように，空気の流れを妨げず音が通過するように多数の穴の空

いた2枚の固定金属板と，振動板となる導電性の薄膜から構成されている。

中央の振動板と外側の2枚の金属板に信号を加えることにより，振動板が振動し音が発生する。信号は，図3.20に示すように，振動板と両側の金属板の間で

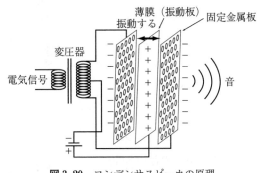

図3.20 コンデンサスピーカの原理

は，それぞれ逆位相に加えられる。これにより，振動板が片側の金属板に近づくような引力が働くとき，反対側の金属板との間には遠ざける力が発生する。このように金属板を両側に配置し，押し引き（プッシュプル）するよう動作させるのは，大きな出力を実現し，歪みを減らすための工夫である。振動体が軽く，全体がそろって振動するために音の立ち上がりや応答性に優れているが，静電力を発生させるため金属板に高い電圧をかける必要があるので特別な増幅器が必要となる。

〔4〕**圧電スピーカ** 圧電効果をもつ素子（**圧電素子**）を利用したものが**圧電スピーカ**である。図3.11の圧電マイクロフォンでは，振動板が圧電素子を変型させて電気信号に変換していたが，圧電型スピーカは逆で，圧電素子に電圧を加えると変形するという性質を利用して音を再生する。金属板が圧電素子の片面についており，圧電素子に電圧がかかり伸縮しようとすると金属板が片面の伸縮を妨げる。そのため圧電素子に反りが生じて音を生成する。ダイナミックスピーカが大きな磁石を必要とするのに対して，振動板に直接電圧を印加するので振動系を軽量に実現できる。しかし，平坦な周波数特性の実現が難しく，また，発生できる音の周波数帯域が狭いという欠点もある。

〔5〕**ホーンスピーカ** これまで，振動板を駆動する方法によってスピーカを分類し説明を行ってきた。それとは少し違い，形状に由来する分類として，**ホーンスピーカ**がある。ホーンスピーカでは，**図3.21**に示すように，振

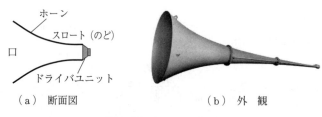

(a) 断面図　　　　　　　　(b) 外　観

図 3.21　ホーンスピーカ

動板の前に**ホーン**（らっぱ）型の筒が付加されている。振動板の近くの細い部分を**スロート**（のど）と呼び，広がった先端部分を**口**と呼ぶ。

　空気は音響インピーダンスが低いため，通常のスピーカからみるとインピーダンス不整合が生じ，スピーカの負荷が大変小さいものになって，いわば「のれんに腕押し」の状態となる。そのため，入力された電気エネルギーを音に変換する効率が上がらず，その値は通常 1% 程度に留まる。

　それに対し，ホーンスピーカの場合には，のどから口にかけて広がっていくホーンの効果により，このインピーダンスの不整合が改善され，振動板に適正な負荷がかかるようになる。さらに，のどの形状の工夫により，振動板とホーンとの音響的なインピーダンス整合をさらに改良することができる。その結果，電気から音への変換効率が 10% を上回るようにすることも可能である。なお，ホーンの形状が指数関数にしたがって変化すると設計が容易なため，この形が広く用いられている。

　また，ホーンの根元に置かれるスピーカユニットは**ドライバユニット**と呼ばれ，多くの場合，ドーム型のダイナミックスピーカが用いられる。ホーンスピーカは，高効率で大きな出力が簡単に得られることから屋外用や大空間用のスピーカとして広く用いられている。ただし，ホーンの口の面積が広いことから指向性が強くなることに注意が必要である。

3.2.2　スピーカの再生周波数帯域とマルチウェイスピーカ（🖿3-A）

　図 3.22 は，単一スピーカユニットで構成されたスピーカの典型的な周波数特性を示したものである。スピーカに一定の入力を加えたとき，出力音の音圧

レベルが入力周波数によってどのように変化するかを示している．マイクロフォンと同じように，両端の低い周波数，高い周波数において十分な出力音圧が得られない範囲があることがわかる．スピーカはマイクロフォンに比べ，周波数特性が平坦ではない．

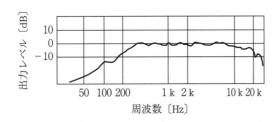

図 3.22　スピーカの周波数特性例

　人の可聴周波数域は，おおよそ，20 Hz～20 kHz と幅広い．この周波数帯域全体を一つのスピーカユニットで再生できることが望ましいが，上で述べたように一つのスピーカユニットで充分な再生周波数帯域特性を実現するのは難しい．大きな楽器が低い音を，小さな楽器が高い音を出しやすいことと同様に，得意な周波数帯域はスピーカの振動板の大きさに関係する．そこで，**図 3.23**に示すように，いくつかの周波数帯域ごとに，それぞれの帯域を得意とする複数のスピーカユニットを用い，可聴周波数域全体での十分な特性を実現するスピーカシステムを構成するという方法がとられている．

　超低域用スピーカユニットを**サブウーファ**，低域用を**ウーファ**，中域用を**スコーカ**，高域用を**ツィータ**，超高域用を**スーパーツィータ**という．これらのス

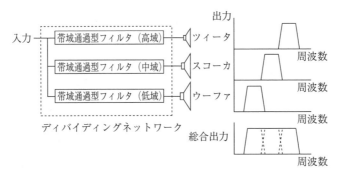

図 3.23　マルチウェイスピーカの仕組み（🎵 3-A）

ピーカユニットを組み合わせて広い再生周波数帯域を実現することが可能である。このように，担当する周波数帯域が異なる複数のスピーカユニットを組み合わせたものを**マルチウェイスピーカ**と呼び，ウーファ，ツィータで構成するものを2ウェイ，ウーファ，スコーカ，およびツィータの三つで構成しているものは3ウェイという。**図3.24**は3ウェイスピーカの外観である。全体の再生周波数帯域は，低周波数域と，中周波数域，高周波数域にわかれており，それぞれのスピーカユニットは得意な再生周波数帯域のみを通過させる。そして，それぞれのスピーカユニットから再生された音が伝搬し，人の耳にはこれらの音が一体となった広い周波数帯域の音として届くことになる。なお，中周波数帯域を中心としながらも，低周波数域および高周波数域もある程度再生できるスピーカもあり，**フルレンジスピーカ**と呼ばれる。

図3.24 3ウェイスピーカの外観

3.2.3 スピーカエンクロージャ

スピーカを利用する際には，スピーカユニット単体で使うことはなく，図3.24に示したように，**スピーカエンクロージャ**といわれる箱に取り付けて用いられる。これは次のような理由による。一般にスピーカユニットの振動板を支えるフレームは，振動板の振動によって生じる音を遮らないように穴が空いている。そのため，振動板が前後に動作すると，音を放射させたい正面方向のみならず，後方から逆位相の音が出力される。そのため，スピーカユニットをエンクロージャに収めず，**図3.25**のように単体で用いると，前後に発生した音どうしが打ち消し合って，音の発生効率が特に低周波数域で悪化する。エンクロージャは，後方に出た音を閉じ込め，前方に出た音との打ち消しを防ぐ役割がある。

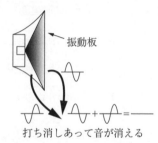

図3.25 スピーカからの放射

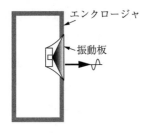
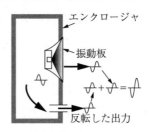

図3.26 密閉型エンクロージャ　　図3.27 位相反転型エンクロージャ

図3.26 は，ダイナミックスピーカを**密閉型**と呼ばれる最も基本的なエンクロージャに取り付けた様子である。図3.27 は，ダイナミックスピーカを**位相反転（バスレフ）型エンクロージャ**に取り付けた様子である。このタイプのエンクロージャでは，後方から出た逆位相の音のうち低い周波数帯域が，エンクロージャを貫くパイプの共振によって，その名のとおり位相反転され，結果として前方から出た音の位相とそろえて出力される。図3.28 に密閉型と位相反転型の周波数特性の違いを示す。位相反転型エンクロージャによって低周波数域の特性が改善されていることがわかる。エンクロージャには他にも何種かあるが，位相反転型が現在の主流である。

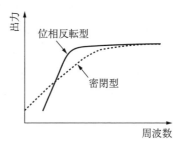

図3.28 密閉型と位相反転型の周波数特性の違い

3.2.4 ヘッドフォン

ヘッドフォンとは，小型のスピーカユニットを耳の近くに配置して音を再生する装置で，耳近傍に装着するタイプと耳の中に差し込むタイプがある。ヘッドフォンに用いられるユニットは，おもに**ダイナミック型**，**キャパシタ型**，**圧電型**，**バランスト・アーマチュア型**があり，これらはいずれも先のスピーカの構造で述べた型である。また，ヘッドフォンは，耳に装着するための構造によって，以下のように分類される。

1) **密閉型（クローズド型）**　ユニットの背面を密閉した型で遮音性が高

64   3. 音 の 収 録 と 再 生

いが，それ故に，音がこもり，くぐもったような音質になるものもある。

2） **開放型（オープンエアー型）**　　ユニットの背面が解放されており，音
がこもりにくいという特徴をもち，低音が弱いものもあるが高音の再
現性に優れ密閉型に比べ外側に音が漏れる構造である。

3） **挿入型（インサート型）**　　耳に挿入する型である。遮音性が高く外来
音が聞こえにくい（**図 3.29**（a））。

4） **イントラコンカ型**　　外耳道の入り口のくぼみにはめ込んで用いる型
である。外耳道をふさいでしまわないので周囲の音が聞こえる（図
3.29（b））。

そのほかに，外部の雑音を抑圧する技術である**アクティブノイズキャンセリ
ング機能**を備えたヘッドフォンもある（コラム 3.2 参照）。

┌─ **コラム 3.1　大きな音の聞き過ぎに注意しよう** ─┐

　大きな音を聞き続けると感音性難聴（2.5 節参照）の一種である騒音性難聴と
なる危険がある。アメリカ環境保護庁の疫学調査によれば，一日平均 70 dB の騒
音を 40 年間聞いていると，10％以上の人に無視できない聴力損失が発生すると
いう。また，この危険は音の総エネルギーが同じであればほぼ一定となる。した
がって，一日平均 90 dB の音であれば，70 dB の 100 倍のエネルギーとなるの
で，40 年の 100 分の 1 の年月で騒音性難聴となる恐れが生じることになる。70
dB は少しにぎやかな街頭，90 dB は地下鉄の車内騒音程度の騒音であるから，
油断はならない。

　この危険は騒音には限らず，音楽のように自ら望んで聞く音の場合でも同じで
ある。あまりハードでないポップスコンサートでも音のレベルは 120 dB に達す
ることが珍しくない。北欧などではコンサートの入り口に必ず耳栓が準備されて
いて，自己責任で着用するよう求められる。オーディオ機器の音でも耳への影響
は同じである。むやみに大きな音で音楽を聞くことには，つねに難聴の危険が寄
り添っていることを自覚する必要がある。

　騒音性難聴は，ほとんどの場合，外有毛細胞（2.2.3 項参照）の毛や細胞その
ものが脱落することに由来することが知られている。再生医療の研究が進んでは
いるものの，現時点ではヒトの有毛細胞の再生は不可能である。

　大切な耳（聴力）である。くれぐれも大切にしよう！

└────────────────────────────────┘

（a）挿入型　　　（b）イントラコンカ型

図 3.29 挿入型とイントラコンカ型ヘッドフォン

3.3　音を楽しむためのシステムと信号処理方式

録音した空間と同じ音を感じるようにすることができれば，臨場感あふれる音の再現が期待できる。その際，音源の音像定位，すなわち，音源の方向や距離，大きさなどが，できる限り正確に知覚されるようにすることが重要である。

最も単純な，スピーカを一つだけ使って音を再現する**モノフォニック**[†]**方式**では，音像定位を正しく感じるようにすることは不可能である。そのため，古くから，さまざまな技術が開発されてきた。それらは，**表 3.2** のように整理

表 3.2　音空間情報生成技術の分類

分　類	方法の概要	代表的技術	
音の方向感制御	表現したい音場における音の到来方向再現を目指す技術	簡易法	ステレオ（ステレオフォニック），5.1 ch サラウンド（3.3.1項参照）
		高精度法	22.2 ch サラウンド（3.3.1項参照），立体角分割法，アンビソニックス（原型）
聴取点音圧制御	表現したい音場における両耳の位置における音圧を正確に再現し，正確な音像定位を目指す技術		バイノーラル技術（バイノーラル録音法，頭部伝達関数合成法など），トランスオーラル法（3.3.2項参照）
空間的音場制御	ある領域における音場をできる限り物理的に正確に生成しようとする技術		境界音場制御法（BoSC法），波面合成法（WFS法，3.3.3項参照），一般化アンビソニックス（高次アンビソニックス，HOA法）

[†] モノラルとも呼ばれるが，これは本来，片耳だけで聴く方式を指す。

できる。ここでは，代表的ないくつかの方法について述べる。

3.3.1 音の方向感の制御に基づく技術

最も基本的な方法は，音の到来方向に着目し，その情報を複数のスピーカによってできる限り再現することを目指すものである。

〔1〕 **ステレオ**　正しくは**ステレオフォニック**という。前方に2個のスピーカを配置して再生する2チャネル再生技術である。一般に，聴取者からみて左右30°の位置にスピーカを配置し，正三角形をなす位置で聴取するのが標準とされている。音像定位が正確に再現できるのは，通常二つのスピーカの間に限られるが，**モノフォニック**再生に比べて臨場感が優れている。そのため，今でも広く用いられている（🔊3-B）。

〔2〕 **5.1 ch サラウンド**　二つよりも多くのチャネルを用いて高い臨場感を実現する方式で，ステレオに比べ，音像の定位性能がよい。最も広く用いられているのは，**5.1チャネルサラウンド方式**（通常，5.1 ch と表記される）である。これは，図3.30に示すように5台のスピーカと1個の低域再生専用スピーカ（サブウーファ）からなる。前方左右にステレオと同様に2個，さらに前方中央に1個，そして後方に2個のリアスピーカ（サラウンドスピーカ）を設置する。通常のスピーカは，100 Hz 以下のきわめて低い周波数帯域の再生が十分できないために，補助的に，低周波数帯域専用のスピーカを付与する。低域専用のスピーカは，人

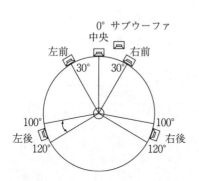

図 3.30　5.1 ch マルチチャネル音響の標準的な配置例（左後，右後は100°〜120°内に設置）

が低域の方向知覚の能力が中高音域に比べて劣っているために少ない数で済む。例えば，5.1チャネル方式では1チャネルだけである。低域専用のチャネル数は帯域が狭いことから 0.1 ch を単位として数える習慣になっている。この方式が，5.1という数字で表現されているのは，このような理由による。ほ

かに，スピーカの数を増やした，**7.1 ch**，**9.1 ch**，**9.2 ch**，**11.2 ch** 方式等がある。

〔3〕**22.2マルチチャネル音響**　より高い臨場感のために，水平面のみならず上下方向も表現が可能なように，聴取者を3次元的に取り囲むように多数のスピーカを配置する方法が開発されている。その代表例は **22.2 ch** 方式である。図3.31に示すように，空間にほぼ均等に配置された多くのスピーカを用いることにより，どちらから到来する音でもほぼ正確に再現が可能となる。そのため，上下方向の表現も可能であるなど，5.1 ch システムよりも，はるかに優れた音像定位が可能である。

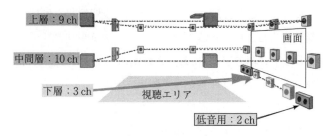

図3.31　22.2 ch マルチチャネル音響（NHK Science & Technology Research Laboratories）

3.3.2 聴取点における音圧の制御に基づく技術

ステレオよりも正確な音像定位を実現する方法の一つは，聴取者の鼓膜位置で，聴かせたい音場の正しい音圧を再現することである。

〔1〕**バイノーラル技術**　聴取点における音圧の制御をヘッドフォン受聴で実現する一連の技術を**バイノーラル技術**という。

バイノーラル技術の最も基本的なものは，人間の頭を模した**ダミーヘッド**の鼓膜位置にマイクを置き，それで集音した音をそのまま用いる方式で，**ダミーヘッド録音**と呼ばれる。

図3.32の上部に示すように，音は音源から室内環境や，耳介などの影響を受けて鼓膜に到達し，人はその音を用いて音像定位を行う。そこで，音源から人の耳に届くまでの伝搬特性（**頭部伝達関数**，**HRTF**）を信号処理によって音

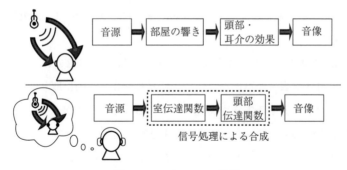

図 3.32 バイノーラル技術

源信号に付与し，それを聴取させる技術がある。この技術は，録音したものを再生するだけでなく，信号処理技術により音源に空間情報を付与して仮想的に音像位置を制御することができることから，バーチャルリアリティ分野でも活用されている（2.1.3 項参照）。なお，人の頭の形や大きさ，耳介の形状が人それぞれで違い，これにより音源から人の耳に届くまでの伝搬特性が異なるため，他人の特性を用いたのでは期待する音像が実現できないことがある。そのため，個人性を考慮する再生技術の開発が進んでいる（🖱3-C）。

〔2〕 トランスオーラル法　　ヘッドフォンを身につける代わりに，複数のスピーカを配置し，バイノーラル技術と同様に鼓膜位置での音を正確に作りだす技術がある。これは，**トランスオーラル法**と呼ばれる。この方法では，片方の耳に多数のスピーカからの音が届くため，その和が所定の音圧となるよう，各スピーカへの入力をディジタル信号処理を用いて精密に制御する必要がある。

3.3.3　空間的な音場の制御に基づく技術

バイノーラル技術やトランスオーラル技術は，耳の位置という「点」において音を制御する技術である。これに対し，ある範囲の音空間，すなわち音場をなるべく正確に再現することを目指した技術が研究，開発されている。**境界音場制御法（BoSC 法）**や**波面合成法（WFS 法）**などがこれに当たる。このような技術では，キルヒホッフ積分公式などのための高度なディジタル信号処理

コラム3.2 音で音を消す！

音は微小な圧力の変化であり，圧力の時間変化がなければ無音である。そのため，任意の点における圧力の変化を打ち消すような音を加えると無音になる。このようにして能動的に音を抑圧する方法を**アクティブノイズコントロール（能動騒音制御，ANC）**という。アクティブノイズコントロールには，図（a）のフィードバック型と図（b）のフィードフォワード型がある。

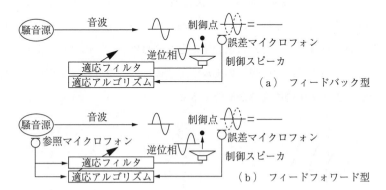

フィードバック型は，制御点での音圧（誤差信号）を誤差マイクロフォンによって観測し，これをゼロにするように打ち消し音を制御する。一方，フィードフォワード型は，制御点における騒音源の音圧を予測して制御点の音を消すように制御を行う。そのため，騒音源の近くに設置した参照マイクロフォンにより打ち消しの基礎とするための音を入手し，これに音の伝達経路の予想を加えて打ち消し信号を作り出す。さらに制御点での音圧（誤差信号）を誤差マイクロフォンによって観測し，誤差信号がゼロになるよう制御する。

いずれの方法においても，周囲の環境変化の影響を軽減するため，打ち消し信号の生成には，状況に合わせて特性が変化するようなフィルタを用いる。これを**適応フィルタ**といい，特性を最適に変化させるための計算法を適応アルゴリズムという。

アクティブノイズコントロールは，工場などにある排気ダクトでの騒音制御に実用化されている。また，車室内の騒音制御や，環境騒音を抑圧するヘッドフォンなどにも応用されている。

が必要となる他，収録時に多くのマイクロフォンを必要とし，また，再生するスピーカも多数必要となる。さらには，先に述べたマイクロフォンとスピーカ個々の特性も高性能なものが求められる。

代表例として，現実的な再生技術として広がりを見せている**波面合成法**について説明しよう。**図 3.33**（a）のように，音源から放射された音の波面は球面状に伝わる。この波面を**ホイヘンスの原理**に基づいて，図（b）にあるように，直線状あるいは平面状に並んだ複数のスピーカを用いて，球面波を再現するような音を各スピーカから出力すると，音は図（c）のように伝搬する。これにより，ある領域内の音場の再現ができることとなり，高い音場制御性能と，それによる空間的臨場感が期待できる。

（a） 仮想音源からの音波　　（b） 各スピーカからの音波　　（c） 合成された波面

図 3.33 波面合成法

3.4 音を分離する技術

日常の生活音は，複数の音源からの組合せからなっている。同時に鳴っている音源を一つ一つに分けることができると必要な音だけを聞きやすくなり，個別に保存することにより自由に再合成することができる。このように，必要な音源の信号だけを取り出すことを**音源分離**といい，他の音源に対して相対的に大きくすることを**強調**という。

混合音からそれぞれの音源のみを分離するには，音の到来する方向に着目して分離することや音源の特徴に基づいて分けることが考えられる。ある音の到来する方向（音源方向）に超指向性マイクロフォンの指向性を向ければ，その

音源からの音をかなりの程度に分離することはできる。二つ以上の音源を同時に分離したり，移動する音源を追従して分離することは，空間に複数のマイクロフォンを並べ，それらで受音した信号に対してディジタル信号処理を施すことにより可能となる。このように，複数のマイクロフォンを並べ，それぞれで受音した信号を用いて特定の方向の音を分離（あるいは抑圧）することを**マイクロフォンアレイ技術**という。

マイクロフォンアレイ技術として，最も基礎的かつ代表的な方法は，それぞれのマイクロフォンで受音した信号を同期加算することにより任意方向の音を相対的に強調する遅延和（同期加算）マイクロフォンアレイである（●3-D）。図3.34に遅延和アレイによる信号強調の様子を示す。ここでは，音源が二つあり，一つはアレイ軸と30°の角をなしており，もう一つはアレイ軸方向という条件のもとで，方向が30°のほうの音源信号をとりだすことを考える。各音源信号の周波数は2 000 Hzと4 000 Hzである。図（a）（b）は各々音源の波形である。図（c）は二つの音源の信号をマイクロフォン1本で受音した混合信号で，二つが混ざってい

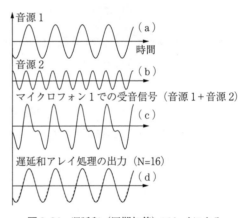

図3.34 遅延和（同期加算）アレイによる信号分離の様子

ることが見てとれる。図（d）は音源1の方向に遅延和アレイの指向性を向けた処理の出力であり，図（d）の点線で示している図（a）の音源波形とほぼ重なっており，音源1の信号が強調されていることがわかる。

図3.35に遅延和アレイの原理を示す。マイクロフォン1からNまでを等間隔d〔m〕で配置し，マイクロフォンアレイ軸に対して分離したい音源方向をθ〔rad〕とする。ここで，マイクロフォンnで受音した信号を$x_n(t)$とすると，$x_{n-1}(t)$と$x_n(t)$の音源方向への距離差は$d\cos\theta$である。このことより，

3. 音の収録と再生

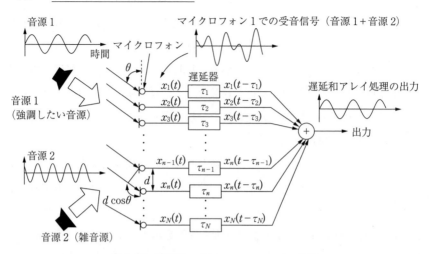

図 3.35　遅延和マイクロフォンアレイの原理

音速を c〔m/s〕とすると時間差 τ は $d\cos\theta/c$ となる。よって，基準のマイクロフォン N での受音信号に対してマイクロフォン n で受音した信号 $x_n(t)$ を時間差遅延器で $\tau_n = (N-n)\tau$ だけ遅らせると θ 方向の信号が同期する。このようにして，各マイクロフォンからの信号をすべて同期させて加算することにより，音源の方向以外の信号に対して音源方向の信号が相対的に強調された出力を得る。この計算からわかるように，この方法は音源方向とマイクロフォンの間隔の情報を必要とする。

図 3.36 は遅延和アレイの指向特性である。これは指向性を $\theta = 30°$ に向け，周波数が 4 kHz の特性である。マイクロフォンの数 N は 16 本でマイクロフォンの間隔は 2 cm である。この図より，確かに 30° の方向に高い感度をもつことがわかる。このようにねらった方向に対する指向性を**メインローブ**と呼ぶ。150°方向にも 30°と同じ感度をもっている

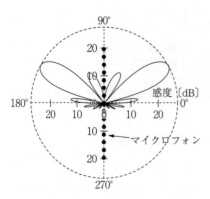

図 3.36　遅延和アレイの指向特性（周波数 4 000 Hz，メインローブ方向：30°と 150°）

のは，30°と時間遅延が同じになるからである。30°と150°以外にも感度をもつ方向が存在することもわかる。このように，ねらいとは異なる方向への指向性を**サイドローブ**と呼ぶ。マイクロフォンを増やすことにより指向特性が鋭くなり，分離性能が向上する。ただし，単純な信号処理であるため，次に述べるような方法に比べると分離性能の上限は低い。

遅延和アレイのほかに，雑音源の方向に利得をもたないノッチ（谷）を作り，この雑音を抑制する技術もある。代表的な手法では**適応型雑音抑圧マイクロフォンアレイ**（**AMNOR**：adaptive microphone array for noise reduction）がある。この技術では，m個のマイクロフォンを用いると$m-1$個の方向にノッチを作ることが可能である。また，音源の方向とマイクロフォンの相対配置の情報を必要としない**独立成分分析**といわれる多変量信号解析による分離技術も確立されている。

他の雑音抑圧技術としては，**スペクトラルサブトラクション法**がある。これは，雑音の周波数成分の統計量を用いて雑音信号の周波数スペクトルを推定し，受音信号から差し引くことによって相対的に対象音源の信号を強調する技術である。雑音源が回転するファンなど，雑音が定常的な信号である場合には，比較的簡単に実現できる。

さらに勉強したい人のために

1) 伊藤毅：音響工学原論（上，下），http://www.acoust.ias.sci.waseda.ac.jp/publications/genron（1980）
2) 日本音響学会編：音・音場のディジタル処理，コロナ社（2006）
3) 日本音響学会編：電気の回路と音の回路，コロナ社（2011）
4) 日本音響学会編：電気音響，コロナ社（2020）

4 音声の発話と認識

　Aさんからの電話を受けて，私はAさんに話しかけた。
「どうしたの？　何かあったの？」
電話からの声は，深く沈んで何か悲しそうな声だった。いろいろと大変そうで，しばらくAさんの話を聞いたり，こちらの考えを話したりしたのだった。
　音声も音の一種だが，言葉を担い，お互いの考えをやりとりする役割をもっ

ているという点で，音楽とか騒音などとは全然違う音だ。そう考えると，さまざまな疑問がわいてくる。
　声を聞いてアイウエオとわかるのは，なぜなのだろう？そして，その声はどのように作られているのだろう？なぜ声を聞いて，悲しいとかうれしそうだとかがわかるのだろう？
　人間とロボットとが会話できる時代にもなってきた。機械は，どうやって音声を認識したり，発声したりしているのだろう。人間と同じなのだろうか？
　この章では，まず，音声の音としての性質や，人間が声を声として聴き取っている手がかりについて説明を行っていこう。また，コンピュータで音声の認識や発声を実現するための情報処理技術についても基礎的な仕組みを説明していくことにしよう。

4.1 音声の発話

人間の声には,音としての側面と,言語としての側面がある。人間は,喉(のど)から唇にかけての器官を使っていろいろな音を出すことができる。普段使っている「言葉としての音声」(言語音)はもちろん,言語としては意味のない叫び声やうなり声,動物の鳴きまねやその他の音をまねた音なども出すことができる。このように人間が出せる音はさまざまであるが,これらの音を発生させるメカニズムはどれも共通である。この節では,まず人間が口から音を出すメカニズムについて説明する。

4.1.1 声帯と声道

「あ〜」と声を出しながら首のあたりを触ってみれば,声を出している間に喉のあたりが振動していることがわかる。喉には声の元となる振動を発生させる器官があり,そこから出た音が喉から唇へと伝わる間に「声」へと変化していく。人間の声に関係する器官を図 4.1 に示す。

声の元になる音を発生させる器官が**声帯**(せいたい)である。声帯は左右 2 枚の膜からできており,その膜の間を呼気(吐く息)が通るときに声帯が振動することによって音が出る(🔘4-A)。図 4.1 の点線から下を見たときの声帯の模式図を図 4.2 に示す。声帯から出る音(**声帯音源波**)は,まだ声そのものではなく,

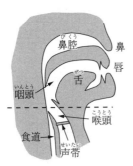

図 4.1 人間の声に関係する器官

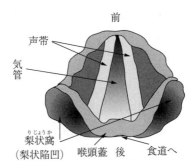

図 4.2 声帯の模式図

76   4. 音声の発話と認識

ブザーのような音である。この声帯から出る音は，「あ」や「い」のような**母音**と，**子音**の中でも「が」の/g/や，「だ」の/d/など喉の振動する子音（**有声子音**）の元になる。この振動の形態は，弦楽器の弦と同じように，肺内の圧力，声帯の長さ，膜の重さ，膜を引っ張る力によって決まる。圧力が高く，声帯が短く，膜が軽く，そして張力が強い場合に声帯は速く振動して高い音を出す。

　声の元になる音は声帯から出る音だけではない。いわゆる「ささやき声」の場合，声帯は振動しない（喉を触ってみればわかる）。ささやき声の元になる音は，喉から口の中を空気が流れるときに出る雑音である。空気の流れによる雑音は，ささやき声のような特殊な音声だけでなく，「さ」の/s/など喉の振動しない子音（**無声子音**）の元になる。

　声帯の振動にしろ，空気の流れによる雑音にしろ，それ自体は普通の音声ではない。その音が喉から唇までの空間を通る間に音色が変化することによって通常の声になる。この「喉から唇までの空間」は声の通り道なので**声道**という。人間は舌や唇を使って声道の形をさまざまに変えることが可能であり，それによってさまざまな種類の音を発声することができる（⬤4-B）。このように，口などを使ってさまざまな音を作ることを**調音**と呼び，それに使われる器官（唇や舌など）を**調音器官**という。

　声道の形と声の関係を分析するためには，まずその形がどうなっているかを調べなければならない。声道の形はさまざまであるが，発声される声の音色を問題にする場合には，おおむね声道の各部分での断面積だけを考えればよいことがわかっている。そのため，声道は途中で太さの変わる管によって近似することができる。これを模式的に示したものが**図4.3**である。これを声道の**音響管モデル**という。多くの声の場合には声道を近似した音響管は，太さは変わるものの一本の管であるが，/m/や/n/のような鼻に抜ける音（鼻音）の場合は途中に分岐のある管で表される。この図を見ればわかるように，人間の発声器官はオーボエやクラリネットなどの管楽器とよく似た構造をしている。

　ところで人間の声にはさまざまな音色がある。その中には，発声者が自分でコントロールできるものと，自分ではコントロールすることが難しいものがあ

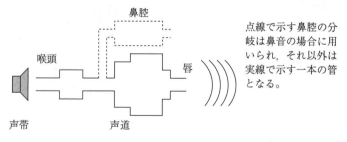

図 4.3　音響管モデルの模式的表示

る。前者は例えば /a/ と /i/ の音の違いである。後者は例えば性別による声の違いであり，同じ声の高さで同じ /a/ という発声をしても，個人によって声の音色はさまざまである。声の音色は声道の形によって決まるが，その声道の形には自分でコントロールできる部分とできない部分がある。自分でコントロールできるのは，舌や唇などの調音器官の形である。一方，自分でコントロールできない部分は，声道のうち自分では動かしにくい部分（喉頭など）の形や，声道全体の長さなどである。人間の声の個人による違いは，これらの自分でコントロールできない部分の形によって決まると考えられている。声の個人性と声帯や調音器官の関係については，4.4.6 項で説明する。

4.1.2　音声の波形とフォルマント

声の生成の仕組みをおおまかに見たところで，実際の声を波形として見てみよう。日本語の 5 母音（/a/，/i/，/u/，/e/，/o/）の波形および基本周期の例を**図 4.4** に示す（♪4-C）。それぞれ複雑な波形ではあるが，おおまかに見ると周期的な波形であることがわかる。音声波形の 1 周期の時間を**基本周期**と呼び，その逆数を**基本周波数**（F_0）と呼ぶ。

図 4.4 からもわかるように，音声の波形は複雑であり，その波形を見ても特徴がわかりにくい。**図 4.5** は基本周期の異なる，したがって高さの異なる二つの /a/ の波形である。これを見ると，どちらも /a/ と聞こえるのに，基本周期だけでなく，波の形そのものも大きく変わっていることがわかる。それでは，音声波形を特徴付けるものはなんだろうか。

4. 音声の発話と認識

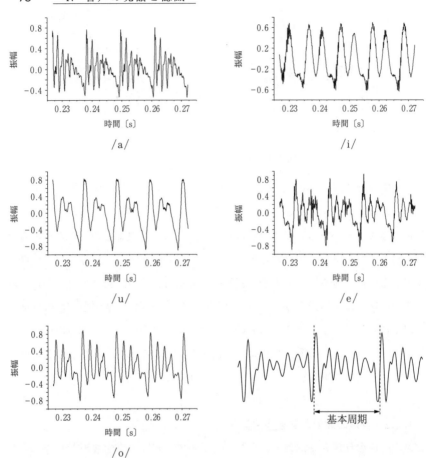

図 4.4 日本語の 5 母音の波形および音源波形の基本周期

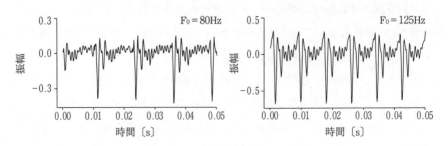

図 4.5 基本周期の異なる /a/ の波形

音声の波形の特徴は，その周波数スペクトルに表れる。母音/a/の周波数スペクトルの例を図 4.6 に示す。図に示されているように，音声の周波数スペクトルは，周期的な細かいピークをもつ周波数成分と，大まかにいくつかのピークをもつ全体的な形（概形）

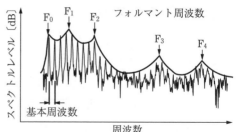

図 4.6 /a/の周波数スペクトル，基本周波数とフォルマント周波数

を重ね合わせた形をしている。周期的なピークは音声の基本周期に関連したピークであり，その間隔が基本周波数に対応する。また，周波数スペクトルの概形に見られるピークを**フォルマント**と呼び，その周波数を**フォルマント周波数**と呼ぶ。フォルマント周波数を低いほうから**第 1 フォルマント**（F_1），**第 2 フォルマント**（F_2），…と呼ぶ。これらのフォルマント周波数は，音響管としての声道の共振周波数（8.2 節参照）に対応している。日本語の母音では，フォルマント周波数のうち F_1 と F_2 が重要であり，/a/，/i/，/u/，/e/，/o/ は F_1 と F_2 によって区別することができる（図 4.13 参照）（⦿4-D）。

図 4.7 は，図 4.5 に示した二つの/a/の波形の周波数スペクトルである。これら二つの周波数スペクトルを観察すると，同じ/a/音声であれば周波数スペクトルの概形は似ており，また高さが異なれば周期的なピークの細かさが異なることがわかる。

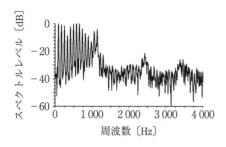 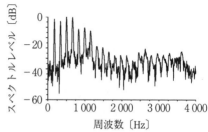

図 4.7 基本周波数の異なる二つの/a/の周波数スペクトル

4.1.3 音韻と音素

　ここまでは「音」としての音声について述べてきたが，もう一つの重要な側面として「言語」としての音声がある。いうまでもなく，音声は人間どうしが言語情報を伝達するための重要な手段である。言語情報を音にのせて伝達するため，人間はさまざまな声の音色を使い分けている。人間が出せる音声の中で，いずれかの言語の話者が言語音として区別できる音の単位を**音韻**という。ただし，音韻という場合には声の高さの違いを含まない。例えば［a］という音韻の場合，高い声の［a］，低い声の［a］，男声の［a］，女声の［a］などはすべて同じ音韻である。一方，中国語やタイ語などの言語では，声の高さに言語的な情報が載っていることがある。その場合は音の高さのパターンが異なる［a］は違う言語音として区別できるということになるが，このような場合の「声の高さによる区別」は音韻ではなくて**声調**と呼ばれる。また，音声のうち，音韻の情報以外の，声の高さや強さ，イントネーション，リズムなどの情報をまとめて**韻律**という。

　音韻には母音と子音がある。母音はいわゆる「あいうえお」のことで，日本語の場合は5種類，英語や中国語ではもっと多い。母音は，口をあけて，声道の形があまり変化しない状態で声帯が振動することにより発声される音であり，長く伸ばして発声することができる。母音と同じような発声であっても，声道の形が変化しながら発声されるものを**半母音**という。日本語の半母音は［w］（わ行）と［j］（や行）である。子音はそれ以外の音である。

　音韻として区別されていても，言語的に区別されない場合がある。例えば，/saNgai/（さんがい）の/N/「ん」と，/saNpai/（さんぱい）の/N/は別な音韻である。前者は口が開いており，音韻としての記号は［ŋ］である。一方，後者は口が閉じており，音韻としては［m］である。しかし，日本語では同じ「ん」であり，区別されない。

　このため，言語的な音について考えるときに，音韻を単位として考えると都合が悪いので，音韻とは別に「ある言語において区別される音の最小単位」を考える。これを**音素**という。当然ながら，音素は言語ごとに異なる。また，音

素としては同じでも，音韻として異なる音を異音という。ここでは，音韻を[a]，音素を/a/のように書いて区別する。

　音素は言語としての音声の最小単位であるが，単独の音素が発声できるとは限らない。例えば/ka/という音声の/k/だけを発音することは難しい。これに対して，ひとかたまりに発音できる最小単位が**音節**である（◉4-E）。例えば/sakura/という単語は，[sa]，[ku]，[ra]の三つの音節からなる。日本語では，多くの音節は「母音」または「子音＋母音」からなる。一方，英語のような言語ではもっと複雑で，「子音＋母音＋子音」や「子音＋子音＋母音＋子音」のような音節もある。例えばstrictlyという英単語は，[strikt]と[li]の二つの音節からなり，前者は「子音＋子音＋子音＋母音＋子音」，後者は「子音＋母音」である。最後が母音で終わる音節を開音節，最後が子音で終わる音節を閉音節という。

　音節と似た単位に**モーラ（拍）**がある。モーラは言語のリズムに基づいた単位であり，日本語ではおよそカナ1文字が1モーラに対応する。ただし，「きゃ」などの拗音は2文字で1モーラである。音節とモーラは日本語においてはよく似た単位であるが，同じではない。例えば，「べんきょう」/beNkyo:/は/beN/と/kyo:/の2音節からなり，モーラとしては「べ」「ん」「きょ」「う」（音声としては「お」）の4モーラからなる。

4.2 音声の符号化

　音声は，人間どうしの基本的なコミュニケーション手段である。電話をはじめとして，音声を用いた情報通信はきわめて重要である。今日一般的なディジタル回線で音声信号をやり取りする場合，いかにして音声をディジタル化するかが問題になる。また，携帯電話などディジタル回線の容量が小さい場合，より少ない情報量で音声を伝えるための手段，いい換えれば一定の情報量で多くの音声を送受信する手段が必要になる。この節では，音声通信のための基本技術である音声の符号化について解説する（◉4-F）。

82   4. 音声の発話と認識

4.2.1 音声の符号化とは

これまで見てきたように，声を含む「音」は空気の振動というアナログ量である。これをディジタル回線でやり取りするには，アナログ量を数字列（ディジタル）に変換したうえで，やり取りするデータの量をできるだけ少なくする工夫が必要になる。この「データの量をできるだけ少なくする工夫」が**符号化**である。

音声は，音の中でも特別な性質をもっている。例えば次のような性質である。

1) 音源（つまり声帯の振動）が一つだけであり，それが声道を通って音色が変化する。

2) おおむね 10 kHz までの音の成分しか含んでおらず，全体として高い周波数成分ほど弱い。

3) 音の高さや音色が時間とともに複雑に変化する。

音声を効率よく（すなわち，少ないデータ量で）符号化するには，これらの性質を考慮する必要がある。

4.2.2 PCM と ADPCM

音声をディジタルデータとして扱うには，まずサンプリングと量子化が必要である（9.1 節参照）。アナログ音声信号を一定の間隔ごとに観測し，とびとびの時間での値で信号を表現するのが**サンプリング**（標本化）であり，サンプリングした音声の値（マイクロフォンから得られる電圧など）を有限の種類の数値のいずれかで表現するのが**量子化**である。**PCM**（pulse code modulation）とは，このようにサンプリング・量子化された音声信号を，そのまま数字列として表現する符号化法である。

音声を PCM で符号化する場合には

1) サンプリング周波数をどの程度にするか

2) 量子化の粗さをどの程度にするか

を考慮する必要がある。特に音声符号化を電話に応用するためには，「どこまでサンプリングや量子化を粗くしても通話に支障がないか」が重要である。それには，さまざまな条件で言語音（単語や文など）を再生し，それを被験者に

聞かせ，どの程度理解できたかを調べる。これを了解度試験という（4.4.2項参照）。

電話のための音声符号化として，サンプリング周波数8 kHzの方式が広く用いられている。このとき，原理的には4 kHzまでの成分をもつ音を表現することができるが，折り返し歪み（9.1節参照）を考慮して，現在の電話では3.4 kHzまでの音の成分だけを伝送することになっている。一方，量子化については，**線形量子化**と非線形量子化の二つの方法がある。これらの例を**図4.8**に示す。線形量子化とは，入力された信号の大きさを均等に区切り，各サンプルをその「区切り」のうち最も近いもので近似する方法である（図4.8（a））。5章で説明するコンパクトディスク（CD）の符号化などには線形量子化が用いられている。一方，音声信号の大きさの分布を調べると，値が大きい信号よりも小さい信号のほうが圧倒的に多い。したがって，入力信号の大きさを均等に区切るよりも，「大きい信号は粗く，小さい信号は細かく」区切ったほうが全体の誤差が少なくなる。このように，区切りが均等でない量子化を非線形量子化と呼ぶ。特に，区切りの細かさを対数（log）としたものを**対数量子化**と呼び，対数量子化を用いたPCM符号化を**logPCM符号化**と呼ぶ。LogPCM符号化の例を図4.8（b）に示す。LogPCM符号化は，電話音声をディジタル回線で伝送する際の方法の一つとして使用されている。

PCMでは，サンプリングされた信号に量子化を施すが，時間的にはサンプリングを行うのみで，その他には特に手を加えない。しかし，信号の時間的な

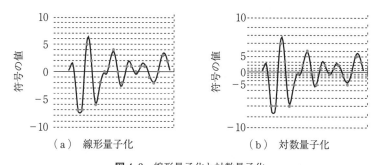

図4.8　線形量子化と対数量子化

84　　4. 音声の発話と認識

変化の性質をうまく使うことで，さらに効率のよい符号化が可能になる。このような符号化法として，**差分 PCM（DPCM）**と**適応差分 PCM（ADPCM）**を紹介する。

差分 PCM（DPCM）は，PCM 符号化された連続する二つのサンプルの差を符号化する方法である。一般に，音声信号は低い周波数の成分のほうが強いため，連続するサンプル値の変化は比較的小さい。この性質のため，サンプリングされた値をそのまま量子化するよりも，その差を量子化したほうが，少ない量子化レベルで同等の誤差が実現できる。

このように DPCM は少ない量子化レベルで全体的に少ない誤差を実現することができるが，問題点もある。前述のように，サンプルの差分をとると値の小さいサンプル値が多くなるが，逆に通常の PCM より値の大きいサンプル値も出現する。例えば PCM において −128〜127 の 256 レベルでサンプル値を表現する場合，その差分は −255〜255 の間に分布する。DPCM において値を量子化する場合には値の小さい部分を細かく量子化するため，値の大きいサンプル値の量子化誤差はかえって大きくなる場合があり，これが音質を劣化させることがある。

これを改善するための方法が**適応差分 PCM（ADPCM）**である。ADPCM も DPCM と同じくサンプルの差分を量子化する方式であるが，どの程度の細かさでサンプル値を量子化するかを適応的に変化させるところが異なる。すなわち，信号が大きく変化している部分では大まかに量子化し，信号が細かく変化する部分では細かく量子化を行う。

ADPCM 符号化の原理を**図 4.9**に示した。まず，直前のサンプルと次のサンプルの差を，ある量子化幅で量子化する。これを図では物差しのような棒で表している。サンプル間の値の差を「物差し」で測ることで，そのサンプルの量子化値が決定される。次に，その量子化値の絶対値が大きい（物差しの細い部分にあたる）場合には，次の差分を計る物差しの長さを倍に伸ばす。そうでない場合には，逆に物差しの長さを半分に縮める。このように，差分を測る「物差し」，すなわち量子化の幅を信号の大きさに合わせて変えることにより，

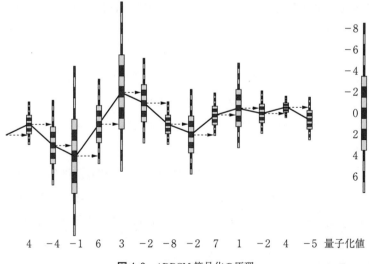

図 4.9 ADPCM 符号化の原理

信号の振幅が大きいところでは差分が大きくなりすぎることによる量子化誤差を抑えることができ，また振幅が小さいところでは量子化幅を細かくすることによってさらに誤差を小さくすることができる．人間は大きい音に小さい音が混入した場合，それらを聞き分けることが難しい．そのため，信号の大きさによって量子化の幅を切り替え，振幅が大きい場合には粗く量子化することによって，聞いたときの品質をあまり落とさずに，少ない情報量で符号化することが可能になる．

PHS や IP 電話の一部では，ADPCM 符号化に基づく符号化方式を用いている．ここで使われている方式では，図のように単純に直前のサンプルと現在のサンプルの差を取るのではなく，現在のサンプルに対するもっと精度の高い予測値を計算し，その予測値と実際の値との差を符号化している．

4.2.3 線形予測による符号化

ADPCM は人間の聴覚の特徴をうまく使った符号化であるが，符号化の対象を音声に限ってはいない．これに対して，対象が「人間の声」であることを最

大限利用した方法を使うことができれば，音声以外は符号化できない代わりに符号化の効率が上がると考えられる．これが，携帯電話などに使われている「線形予測に基づく符号化」である．

　前述のとおり，人間の声は声帯で生成され，それが声道を通って実際の声になる．そこで，人間の声を「声帯で発生する音の情報」と「声道の情報」に分解して，それぞれを別の情報として送ることによって，人間の声に特化した符号化が可能になる．

　とはいっても，「声帯で発声する音の情報」と「声道の情報」を音声波形から直接分離して取り出すことは不可能なので，何らかの方法で音声から「声帯の情報」と「声道の情報」を推定する必要がある．これを行う方法が線形予測分析である．

　線形予測分析の模式図を**図 4.10** に示す．この図では，入力波形のサンプルの値の大きさを模式的に色の濃淡で示している．線形予測分析では，ある時点のサンプルの値を，それ以前のサンプルの値に係数（**線形予測係数**）をかけて和をとったもので近似する．この近似値が**予測値**，予測値と実際のサンプルの値との差が**予測残差**である．音声の線形予測分析では，ある一定の長さ（数十 ms）ごとに，その区間内での予測残差を最小にする線形予測係数を計算する．すると，その区間については，線形予測係数と予測残差だけがあれば，そこから元の波形を再構成することができる．線形予測係数の数は区間のサンプル数よりもはるかに小さいので，予測係数の情報量は少ない．例えば，IP 電話などに使われる符号化方式 **G.729** では，8 kHz でサンプリングされた音声 10 ms（80 サンプル）に対して，10 個の予測係数を使っている．また予測残差はサンプル値よりもずっと小さい値をもつので，サンプル値を直接量子化するよりも少ない情報量で量子化することができる．これらを合わせることで，少ない情報量での

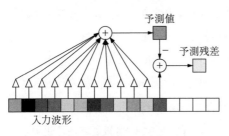

図 4.10　線形予測分析の模式図

4.2 音声の符号化　　87

音声の符号化が可能になる。通常の電話音声は8 kHz サンプリング・8ビット量子化（すなわち，量子化のレベルが $2^8 = 256$ レベル）であり，このままだと情報量は $8 \times 8 = 64$ キロビット毎秒であるが，G.729 を使うと，これを8キロビット毎秒で符号化する（すなわち，情報を1/8に圧縮する）ことができる。

　ここで，前述した「声帯で発生する音の情報」が予測残差に，「声道の情報」が線形予測係数におおまかに対応している。数十 ms の区間で一定の線形予測係数を使うということは，短い時間の中では声道の形が変化しないと仮定することと同じであるが，声道の形はそれほど急に変えられないので，これはおおむね妥当な近似といえる。

　線形予測の原理による音声符号化方式は，携帯電話などの低ビットレート音声符号化に広く利用されている。ただし，実用化されている符号化方式では，線形予測係数そのものではなく，それと等価な情報で，より量子化誤差の影響を受けにくい **PARCOR 係数**や **LSP パラメータ**と呼ばれるデータを伝送している。

コラム 4.1　携帯電話とボコーダ

　この節で述べたような，人間の音声を分析して「声帯の情報（声の高さなど）」と「声道の情報（音韻など）」に分解し，それを再合成して音声に戻すシステムを**ボコーダ**と呼ぶ。ボコーダはもともと音声通信を効率的に行うことを目的として開発された技術である。ボコーダを使うと，単に声を符号化・伝送するだけでなく，声の高さや声の質を操作することができる。例えば，声帯音源の代わりに三角波などを使って声を再合成すると，機械的な質の声を合成することができる。このように声の質を操作して，声を楽器音のように使うことも行われている。現在では，世間一般にボコーダといえば，このように「声を操作するシンセサイザ」という意味で使われることが多い。楽器としてのボコーダは現在多くの音楽で使われているが，これら楽器としてのボコーダは，携帯電話の親戚なのである。

88   4. 音声の発話と認識

4.3 音声合成・認識・対話

コンピュータやロボットと人間が声による言葉で対話することは，昔から多くの人々の夢であった。コンピュータが言葉を話したり，あるいは人間の言葉を理解したりするための研究は，コンピュータが発明された比較的初期から行われてきた。近年のコンピュータの処理能力向上，それに伴う新たな技術の開発によって，現在ではコンピュータとの音声による比較的簡単な対話ならば実現できるまでになった。この節では，コンピュータが話すための技術（**音声合成**）と，聞くための技術（**音声認識**）について解説する。また，コンピュータが人間の音声を理解したり，対話を行ったりするための技術についても簡単に触れる。

4.3.1 音声の合成

現代では，炊飯器からエレベータまで，いろいろな機械がしゃべっている。これらをしゃべらせている技術は，すべて広い意味では**音声合成**といえる。

これらの「しゃべる機器」のほとんどは，あらかじめ録音しておいた音声を再生することで音声を生成している。録音した音声は，前述の音声符号化によってディジタルデータに変換することができるので，コンピュータの中に蓄えておくことは容易である。また，PCM や ADPCM のように単純な符号化方式を使えば，計算方法が単純なのでハードウェア化にも向いている。実際，録音された音声を再生するための IC チップも安価で売られている。このような合成による音声は高品質（録音された元の音声とほぼ同じ品質）であり，実現も容易であるのでいいことずくめのようであるが，あらかじめ用意した内容しかしゃべらせることができない点が唯一かつ最大の欠点である。

しゃべる内容の一部だけが変化する場合には，その「変化する部分」だけを別に録音しておいて，音声をつないで再生する方法が使われる。電話の時報や，駅の列車のアナウンスがこの方法である。例えば新幹線のアナウンスの場

合には

「二十」「二番線の」「列車は」「十六時」「二十分発」「やまびこ」「二百」「十」「三号」「仙台」「行きです」

のように，それぞれの内容の音声をつないで文を作っている。このような方法は**録音合成**と呼ばれる。録音合成は手軽であるが，やはりあらかじめ決めておいた内容しか発声できず，また単語のつなぎや全体のイントネーションが不自然になるという欠点がある。

これらの方法に対して，任意の内容の文の文字列を与えるだけで，それをしゃべることのできる音声合成技術が開発されている。このような技術を**テキスト音声合成**と呼ぶ（◢4-G）。テキスト音声合成技術は，与えられたテキスト（文字列）から発音記号およびアクセント，イントネーションなどの韻律情報を推定する技術と，発音などがわかった場合にそれを音として生成するための技術の二つからなっている。ここでは前者については割愛し，後者の技術に焦点を当てて説明する。

発音記号などがわかった場合に，それを音に変換する方法に関しては，基本的な考え方がいくつかある。一つの考え方は，「人間の発声機構を忠実にまねすることで，人間と同じ声が出せる」という考え方である。もう一つの考え方は，録音合成をさらに進めて，「人間の声の断片をつなぎ合わせていけば文が作れる」という考え方である。これらの中間の方法も提案されている。

人間の発声をまねる方法では，本当に人間の声帯と声道の物理シミュレーションによって音を出す方法もあるが，一般に計算量が多く，実用的にはあまり使われていない。もう少し実用的な方法としては，声帯から出る波形に声道を模擬したフィルタをかけて声を合成する方法がある。このような方法は**フォルマント合成**と呼ばれる。この方法だと原理的には任意の声が生成できるが，自然な音声を合成するのが難しい。

人間の声の断片をつないで声を作る方法は**素片接続合成**と呼ばれており，声の断片は波形素片と呼ばれる。元が人間の音声そのものなので，一般に高品質である。しかし，任意の声質の声を合成することは難しく，また合成する声の

高さが最初に録音した音声と大きく違う場合には品質が低下する。これを改善するために，最初に大量の音声を録音しておいて，合成したい声に最も近い声をそのつど選んで接続する方法（**コーパスベース音声合成**）も用いられる。現在実用的に用いられているテキスト音声合成の多くは素片接続合成方式である。

その他の方法として，人間の声をモデル化し，そのモデルを接続する方法がある。代表的な方法として，隠れマルコフモデル（HMM：hidden Markov model）を使う **HMM 音声合成** 方式がある。HMM 音声合成方式では，声の高さや質を自由に変えて高品質な音声の合成ができる。

4.3.2 音 声 の 認 識

機械による音声の自動認識は，合成と比較して難しい。現在の技術では，静かな環境で，あらかじめわかっている話題について話した音声ならば，比較的高精度（単語の認識率が 95％以上）で認識を行うことができる。しかし，環境の変化（周囲の雑音や残響），話者の変化，話し方の変化，話題の変化などにはまだ弱く，これらが変化すると認識率は劇的に低下する。

音声を認識するには，いくつかの要素を組み合わせることが必要になる。音声認識システムのブロック図を**図 4.11** に示す。処理を行う要素としては**特徴分析**とデコーダがあり，音声認識に必要な情報源として**音響モデル**，**言語モデル**，**辞書**がある。

音声認識の基本は，入力された音声のどの部分がどの音韻/音素なのかを同定することにある。しかし，4.1.2 項で述べたとおり，音声の波形そのものは

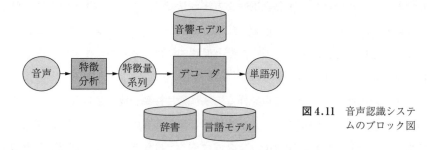

図 4.11 音声認識システムのブロック図

4.3 音声合成・認識・対話 91

さまざまな要因によって変化するので，波形を見てどの音韻かを当てることは容易ではない。そこでまず，音声波形を，それらの要因によって変化しにくい量に変換することが必要となる。このような量を**特徴量**といい，入力音声を特徴量に変換することを特徴分析（特徴抽出）と呼ぶ。

図4.5や図4.6が示すように，音声をスペクトル分析したときの細かいギザギザの情報が声の高さに関係し，概形が声道の形状（すなわち，音声の内容や話者の情報）に関係しているのであった。音声認識では声の高さは関係しないことが多いので，周波数スペクトルの概形のみを表現する特徴量が一般に使われている。代表的なものとして，**MFCC**（mel frequency cepstral coefficient, **メル周波数ケプストラム係数**）や，**LPC メルケプストラム**などがある。

特徴分析によって，音声信号は特徴量の系列に変換される。音声認識の次の段階では，その特徴量系列に最も近い単語の並び（**単語系列**）を探す計算が実行される。音声認識システムは，ある言語で単語がどのように並ぶのかについての情報（**言語モデル**），ある単語の発音に対応する音素の並び（**辞書**），ある音素がどのような特徴量系列に対応するのかの情報（**音響モデル**）の三つの情報をもっている。原理的には，これら三つの情報を使って，考えられるすべての単語の並びについて，その単語系列と入力の特徴量系列との対応のよさ（<ruby>尤<rt>ゆう</rt></ruby><ruby>度<rt>ど</rt></ruby>）を計算し，最も尤度の高い単語の並びを答えとして出力すればよい。しかし，例えば 10 000（$=10^4$）種類の単語が辞書に登録されている音声認識システムで，5 単語からなる文を認識する場合には，10^{20}（$=10^{4\times5}$）種類の文の尤度を計算しなければならない。一つの文の尤度計算が 1 マイクロ秒で終わるとしても，全部の組合せを計算するには約 317 万年かかる。これを実用的な時間（できれば実時間，つまり文を話しはじめてから話し終わるまでの数秒の間）で終わらせるためには，単語のすべての組合せのうち，ごく一部だけを調べて答えを出す必要がある。このための計算を行うプログラムが**デコーダ**である。

音響モデルとして，現在のほとんどの音声認識システムでは**隠れマルコフモデル**（**HMM**）が使われる。HMM は，特徴量の系列を確率的に生成するモデルである。これを使うことで，入力された特徴量のある部分が特定の音素に対

応する確率を計算することができる。

　言語モデルは，単語の並びがある言語（例えば日本語）らしいかどうかを評価するモデルである．言語モデルには，ある単語の並びが許されるか許されないかの情報だけをもつものと，ある単語の並びの確率の情報をもつものがあ

コラム 4.2　HMM

　HMM は，音声の認識や合成などに広く使われている確率モデルである．HMM は音声だけでなくさまざまな用途に応用されているが，音声の場合について説明すると，おおむね次のようになる．

　まず，HMM は，いくつかの状態と，状態間の移動（状態遷移）からなる．図は 5 状態の HMM の例である．

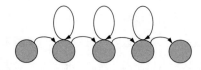

　HMM では，現在の状態が一定時間ごとに遷移しており，状態が遷移するときに音を出す．どこの状態に遷移して，どのような音が出るかは確率的であり，どのような音が出るのかは状態ごとに決まっている．

　HMM では状態遷移も音の生成も確率的なので，どのような音が出たかを観測したとしても，現在どの状態にいるのかを確定することができない．この点が通常のマルコフ過程（出力を観測すれば，現在の状態が確定する）との違いであり，隠れマルコフモデルの「隠れ」（すなわち，現在どの状態にいるのかという情報が隠れている）の由来ともなっている．

　非常に単純化していえば，HMM は音を出す装置だと考えることができる．HMM が出す音を決める際には，実際の音のサンプルをたくさんもってきて，その音のまねをさせることができる（学習）．さらに，ある音があったときに，それが HMM の出す音とどれくらい似ているのかを確率として計算することができる．そこで，人間の声をもってきて，「/a/ の音」「/i/ の音」など音素別に HMM を学習し，「/a/ の音を出す HMM」「/i/ の音を出す HMM」などを作っておく．音声を認識したい場合には，いま入力された音が，どの HMM の音に近いのかを計算すればよい．また，HMM が出す音を実際に音として合成すれば，HMM 音声合成を行うことができる．

る。小規模な文の認識にはおもに前者が，大語彙の音声認識にはおもに後者が用いられている。

4.3.3 音声の理解と応用システム

機械と人間が声で対話することは，音声処理の一つの到達点である。対話をするためには，音声の認識と合成が必要なことはいうまでもないが，それだけでは対話をすることはできない。対話をするためには，次のような要素が必要である。

1) 人間の音声の内容を理解する技術。例えば，喫茶店の利用客が「ブレンドね」といったとき，「このお客さんは注文をしていて，注文しているのはブレンドコーヒー一つ」といった内容を理解する。

2) 対話を管理する技術。利用者の声を認識して理解した後，それをそのまま実行するのか，いったん確認するのか，あるいは足りない情報があるので聞きかえすのか，といった判断をする。

これらの要素を備え，人間と声で対話できるシステムを**音声対話システム**という。音声対話システムのブロック図を**図 4.12** に示す。認識された音声は現在の状況に応じて理解され，**対話管理部**はその結果を受けて次のシステムの発話を用意する。**バックエンド**では，音声を理解した結果を元に実作業（例えばデータベースの検索やロボットの操作）を行ったり，逆に実作業の状態を対話管理部に伝えたりする。

現在実用化されている音声対話システムの多くは，電話による自動受付・応答システムである。このようなシステムを容易に開発するための開発環境として，**VoiceXML** などが使われている。このような実用システムでは，対話を

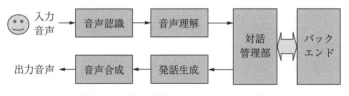

図 4.12 音声対話システムのブロック図

94 4. 音声の発話と認識

確実に行うため，対話の内容や発話の順番に制約が多い。一方，人間どうしの対話のように制約が少ない対話システムの研究も盛んに行われている。

音声認識・理解・合成のさらに進んだ応用として，**音声翻訳**がある。音声翻訳システムでは，音声を認識して文字に変換し，それを他言語に翻訳して，音声合成により音声に変換する。通常の文章の自動翻訳とは異なり，音声認識の結果は認識誤りを含んでいるため，これを考慮した翻訳技術が必要になる。また，人間による発話には「えーと」「あのー」などの間投詞（フィラー）や，いいよどみ・いい直しなどが含まれるため，認識誤りがまったくなかったとしても，通常の書き言葉による文章を対象としたものと同じ翻訳方式を使うことは難しい。そこで，**統計的機械翻訳**という手法が使われる。統計的機械翻訳システムでは，二つの言語で同じ意味となる文を大量に集めたデータ（**対訳コーパス**）を用意しておき，そのコーパスに基づいて，一方の言語の文をもう一方の言語の文に変換する確率モデル（翻訳モデル）を作成する。確率モデルを使うと，話し言葉のように整っていない文を翻訳する際にも比較的よい翻訳が可能になる。現在の最新技術による日英音声翻訳システムでは，比較的簡単な旅行会話を対象としたとき，TOEIC テストで 700～800 点相当の人と同等の翻訳能力があるといわれている。

4.4 音 声 の 知 覚

4.1 節では人間が声を出す仕組みについて学び，4.3 節ではコンピュータが声を認識する仕組みを学んだ。それでは人間は声をどのように聞いているのだろうか。人間が声を知覚する仕組みは，広い意味では 2 章で説明した音の知覚と同じである。しかし，声は単なる音ではなく，言語として意味をもった音でもある。そこで，この節では，人間が声を知覚して理解する仕組みについて解説する。

4.4.1 言語, パラ言語, 非言語

言葉を話しているとき, その音声には「何を話しているか」という話の内容, すなわち文字に起こせる情報が含まれている。これは音声に含まれる**言語情報**である。一方, 音声にはアクセント, イントネーション, 話す速さや声の高さなどの韻律情報や, 単語間の「間合い」なども含まれていて, これらによって文のニュアンスや感情, 雰囲気といった情報が伝えられる。このような情報は言語情報そのものとは異なり, **パラ言語情報**と呼ばれる。さらに, 音声には話者の性別や年齢, その他話者の特徴が含まれる。これらは話者が何かを伝えるためのものではなく, 話者がコントロールできない音の特徴である。このような情報を**非言語情報**と呼ぶ。

4.4.2 音声の「聞こえ」を測る

音声の知覚について調べるためには, さまざまな音声を作り, それを被験者に聞かせて, それがどの程度正しく知覚できたか (あるいは, どのように知覚されたか) を調べることになる。これは音声以外の音の聞こえを測る場合と基本的には同じであるが, 音声の場合, それが意味をもった言語であるという点で注意が必要になる。

音声が聞こえるかどうかを測れる最小の単位は音節である。[a], [ka] など単独の音節を被験者に聞かせたとき, それが正しく聞きとれた割合を**単音節明瞭度**と呼ぶ。一方, 単語を聴取者に聞かせたとき, 正しく聞きとれた割合を**単語了解度**と呼び, 同じく文章を聞かせたときに正しく聞き取れた割合を**文章了解度**と呼ぶ。

4.4.3 音素の知覚

まず, 単独の音素の知覚について見てみよう。4.1.3 項で説明したとおり, 音素は母音, 半母音, 子音からなる。このうち母音の知覚は, 第1・第2フォルマント周波数 (F_1, F_2) に大きく影響されることがわかっている (図 **4.13**)。

しかし, F_1, F_2 を連続的に変化させても, 母音知覚が連続的に変化するわ

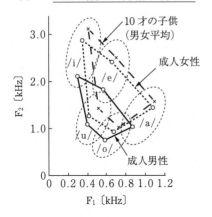

図 4.13 母音の知覚と F_1, F_2（日本語の母音ホルマント Nakagawa (1980)）

けではない。図 4.14（a）に示すように，F_1-F_2 平面上において /i/ から /a/ に変化する F_1-F_2 の組を作り，それぞれの組のフォルマント周波数を用いて母音を合成して聞かせた場合，図（b）に表したような結果となる。図は，ある時点までは /i/ がほぼ 100％，それを過ぎると /e/ の反応がほぼ 100％となることを示している。すなわち，F_1-F_2 平面のある領域はすべて /a/ あるいは /e/ と判断される。このように，あるところを境に判断が明確に入れ替わるような反応の形態を**範疇的知覚（カテゴリー的知覚）**と呼ぶ（●4-H）。

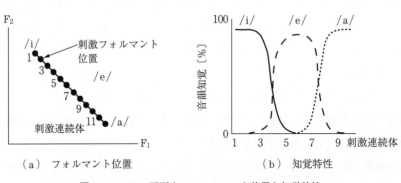

（a） フォルマント位置　　　（b） 知覚特性

図 4.14 F_1-F_2 平面上のフォルマント位置と知覚特性

一方，**図 4.15**（a）に示すように，フォルマントが /i/ から /a/ へ連続的に短時間で変化するような連続母音を合成してみる。被験者にこれを聞かせてみると，フォルマントは図 4.14（a）と同じ経路をたどっているにもかかわらず，/ia/ と知覚し，間に /e/ の知覚は入らない（●4-I）。また。図 4.15（b）に示すように，フォルマントが /i/ から /a/ と /e/ の境界付近を通って /i/ へ

4.4 音声の知覚

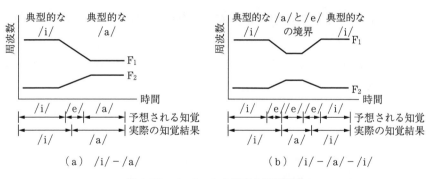

図 4.15 フォルマント遷移の知覚特性

と変化する連続母音を合成した場合，真中の音は単独では /e/ に聞こえるかもしれない音であるにもかかわらず，はっきりと /a/ と聞こえる（●4-J）。このような現象は，特徴量（この場合はフォルマント）の動きから音素を予測する機能が人間に備わっていることを示している。人間が /iai/ という音素列を発声するときには，調音器官をある程度以上速く動かせないなどの制約によって，中心の /a/ という音は単独で発声した /a/ とは大きく異なる音になる。これに対して，人間は知覚する時点である種の予測とそれに基づく補償を行い，「発声者が発声しようとした」音素を知覚しているのである。

母音の知覚がフォルマント周波数でおおむね説明できるのに対して，子音の知覚に重要な物理量は子音の種類ごとに異なる。例えば，/p/ や /g/ のような破裂音の場合には，音素の長さや周波数スペクトルの概形などが関係しているといわれている。また，子音そのものの特徴だけでなく，それに続く母音の種類によっても子音の知覚が影響を受けることがわかっている。

4.4.4 単語と文の知覚

単語がどのように聞こえるかについては，その単語を構成する音素の知覚だけでなく，その単語がどの程度なじみのある単語か，すなわち単語の**親密度**も問題となる。

単語の一部に，その部分の音韻が聞こえないほど大きな雑音を付加した場合

（雑音付加）と，単語の一部を完全に雑音で置き換えた場合（雑音置換），その単語はどのように知覚されるであろうか。この二つの場合の音声を聞きくらべてみると，親密度の高い単語ほど二つの違いがわからなくなる。このような現象を**音韻修復**という。これは，脳の高次の営みによる事前知識，すなわち，単語知識の利用，あるいは，音韻の接続規則知識の利用による修復であろうと考えられている。

単語ではなく文を聞きとるときには，単語の親密度だけでなく，文全体の意味も聞きとりに大きく影響する。「(A) 普通の文」「(B) 文法的には正しいが，意味のない文」「(C) 文法的に正しくない文」の3種類の文を用意し，雑音を混ぜて聞きとりにくくしたうえで，文がどの程度正しく聞きとれたか（文章了解度）を調べると，文章了解度は (A) ＞ (B) ＞ (C) の順になることがわ

コラム 4.3　脳で音を聞く（🔊4-K）

まったく同じ音を聞いているにもかかわらず，前後の状況によって違う音に聞こえることがある。これは，ある音がどういう音かを脳が判断する際に，音の情報だけでなく，さまざまな情報を総合的に判断しているためだと考えられる。

"述べる/noberu/" と "叶う/kanau/"，二つの単語を発話してもらい，/noberu/の/-beru/と/kanau/の/ka-/の波形を結合する。作られた単語は/kaberu/となり，この単語だけを聞かせた場合，標準語にはこの単語はないのでなにかおかしい感じがする。しかし，この単語の前に"リンゴを"という文節を付けると，かなりの人が/ringo o taberu/と聞いてしまう。リンゴが食べ物であるという先入観の結果である。

別の例として，**マガーク効果**がある。音節 /ga/ を発声している人の画像をビデオに録画し，/ga/の画像に/ba/の音声を付けてビデオを再生する。聴取結果は，/ba/でも/ga/でもなく，/da/と聞いている人の割合が多くなる。これは，音声と唇の動きが脳で統合され，結果として /b/と/g/の中間の音である/da/が予測されるためだと考えられている。マガーク効果の場合は，聴覚情報と視覚情報が競合した状態をわざと作ったため，唇が動くという知識がかえって間違った予測結果を生んでしまったが，視覚情報と聴覚情報が競合しない場合は，両者の相乗効果で予測が有効に働き，一部の音声が雑音でかき消されたとしても知覚が容易となる。

かっている。通常文章は，知識，常識，あるいは概念などによって何が話されているか予測できるので，この場合も，脳が文を予測する能動的な処理により文章了解度が高くなると考えられている。

4.4.5 音声のパラ言語情報の知覚

「**私は**東京へ行く」と「私は**東京へ**行く」（太字は強く発話する）では，言語情報は同じでも，文のニュアンスは異なる。このような言語情報以外の特徴，すなわち**パラ言語情報**によって，文の意味，ニュアンス，話者の態度や感情などが伝えられる。

上記のようなイントネーションだけでなく，異なる感情によって起こる声の変化もパラ言語情報である。エクマンによれば，人間に普遍的な感情は，「怒り」，「喜び」，「悲しみ」，「驚き」，「恐怖」，「嫌悪」の六つだという。この中で，例えば「怒った声」とはどのような声であろうか。

人が怒って声を出すときには，次のような連鎖が起こる。体全体に力が入り，肺の圧力が通常より高まる。これにより，声帯を通過する空気の量も多くなって声が大きくなる。そして，基本周波数は高く，早口になり，その変化幅も大きくなる。

一方，悲しそうな声では怒った声の逆となり，大きさの変化は小さく，基本周波数は低く，そして，ゆっくりした話し方で，変化幅は小さくなる。このように，体の状態が発話された音声に影響し，音色を変化させる。

感情の変化に伴う音声特徴のおもなものは，「怒り」，「悲しみ」の音声の例で示したように，声の大きさと基本周波数，音韻の時間長を含む**韻律**である。基本周波数の軌跡の違い，声の大きさの時間変化が大きな手がかりとなり，聞き手に固有の感情の知覚を生じさせるのである。

4.4.6 音声の非言語情報の知覚

話している人の性別は？　年齢は？　あるいは，話している人が知っている人かどうか？　私たちは音声を聞いただけでこのような個人の情報をかなりの

程度まで得ることができる。では，人は音声に含まれるどのような特徴を捕えて，この知覚を生起させているのだろうか。

音声は，**声帯**で作られた音を声道で共振させて生成される。このため，個人性にかかわる特徴も声帯および声道で形作られる。声帯に関連する特徴として基本周波数と，声帯から出る音（**声帯音源波**）の波形があり，声道に関しては声道の長さと形状が関係している。

4.1.1項で述べたとおり，声帯では膜の振動により音が発生している。男声の平均基本周波数は約 120 Hz，女性の平均基本周波数はその 2 倍程度であり，これは女性の声帯が男性に比べて短いことによる。基本周波数は性別を知覚する重要な要因となっている。

また，音の高さだけでなく，声帯音源波の波形そのものもこれらの要因によって変化する。声帯音源波の波形は，平均的には**図 4.16**のようなゆっくり開いて速く閉じる波となっているが，肺の圧力，膜を引っ張る力などの変化により，声門が閉じる速さが変化する。閉じる速さがより速くなると，声帯音源波の波形は急峻なのこぎり波に近づき，その周波数スペ

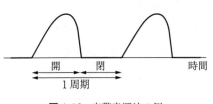

図 4.16 声帯音源波の例

クトルは高い周波数にパワーをもつようになる。高い周波数にパワーをもつ音は，より「強く張りのある」声に聞こえやすい。逆に閉じる速さが遅くなると，波形は正弦波に近くなって高い周波数のパワーが小さくなり「弱々しい」声に聞こえる。このような高い周波数での個人性は，2.5 kHz 付近に表れることがわかっている。

声道は声の音色を決めるおもな要因である。フォルマントは声道の共振による現象であるため，声道の長さとフォルマント周波数は反比例の関係にある（8.9節参照）。声道が長いほどフォルマント周波数が低くなり，いわゆる太い声になる。男性のほうが女性より声道長が長く，例えば米国の成人男性の声道長は約 16 cm，成人女性は約 14.6 cm である。これによって男女のフォルマン

ト周波数の違いが生じる（図 4.13 参照）。

一方，声道には，**鼻腔**，**副鼻腔**，**梨状窩**など多くの分岐管が存在する。これらの分岐管は，周波数スペクトルのピークであるフォルマントではなく，周波数スペクトルの谷の周波数に関連している。このような周波数スペクトルの谷を**アンチフォルマント**という。鼻腔の長さは大人と子どもでは異なるものの個人性はあまり大きくないが，副鼻腔，梨状窩の大きさは個人差が大きく，これによって生じるアンチフォルマントの周波数も個人によって異なる。このため，周波数スペクトル形状が個人ごとに異なることとなり，音色に影響を与える。これが個人を知覚的に判別する要因となる。逆に，分岐管を含む声道形状が似ている親子や，兄弟とりわけ双子の声は似ていることになる。

さらに勉強したい人のために

1) 古井貞熙：音声情報処理，森北出版（1998）
2) 鹿野清宏，河原達也，山本幹雄，伊藤克亘，武田一哉：音声認識システム，オーム社（2001）
3) 守谷健弘：音声符号化，電子情報通信学会（1998）
4) ジャック・ライアルズ著，今富摂子ほか訳：音声知覚の基礎，海文堂（2003）
5) 日本音響学会編：音声（上），コロナ社（2021）

5 音 楽 と 音 響

携帯電話で音楽を聴くというのはごく普通のことだ。

そうなったのは，それほど昔のことではないのだが，音楽自体は，はるか昔から，わたしたちの暮らしを豊かなものにしてくれている。メロディや和音が音の高い低いによって構成されていることを考えると，音楽の音に関するさまざまな疑問がわいてくる。

なぜ響きあう音とそうでもない音の組合せがあるのだろう？メロディを構成する音階は，どんな仕組みでつくられているのだろう？

楽器の音が生み出される仕組みはどのようになっているのだろう？それに，同じ楽器でも，電子楽器の仕組みは違いそうだ。

インターネットで音楽をやりとりするときには，CDに入っている情報量よりもずっと圧縮して小さな情報量でやりとりされている。音楽をコンピュータや携帯電話で取り扱うには，どんな情報処理が行われているのだろう？

こう考えてみると，音楽について，音響学の立場からいろいろな分析や説明ができる。また，音楽の情報処理技術も高度化していて，音響学の観点から身につけておくとよい知識も少なくない。この章では，これらのことについて，基礎的なことがらの説明を行っていこう。

5.1 音の響きあいと音律

5.1.1 響きあう音の条件

ある2音があったときに，それらがよく響きあうと感じるときと，そうは感じられないときがある。音が響きあって聞こえる程度を**協和度**と呼ぶ。協和度はどのようにして決まるのだろう。

二つの純音を，同じ周波数から，少しずつ離していくことを考える。周波数がまったく同じときには，一つの音に聞こえる。周波数が少し（数 Hz）離れると，うなりを伴った音となる。さらに周波数が離れると音が濁って聞こえるようになる。その濁り感は，音の周波数が，半音ほど違う場合，いい換えれば周波数比で6%程度違う場合に最大になる。これは，2章で述べた聴覚フィルタの帯域幅の数分の1の周波数差に相当する。さらに周波数が離れると完全に分離した2音として聞こえ，濁り感は小さくなる。この濁った感じ，いい換えると響きあわない度合いを**不協和度**と呼ぶ。これを図で表すと**図5.1**のようになる。この図は，横軸に2純音の周波数の比を，縦軸に不協和度を示したものである（🖉5-A）。

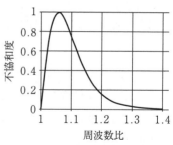

図5.1 二つの純音の不協和度の周波数比による変化（2音の周波数の相乗平均が500 Hzのとき）

では，純音ではなく，楽器の音などの場合にはどうだろう。

弦楽器や管楽器などの音は，音の波形の周期の逆数で決まる周波数（**基本周波数**）とその整数倍の周波数の成分で構成される。前者を**基音**（あるいは**基本波**），後者を**倍音**（あるいは**高調波**）といい，このような構造（**調波構造**）をもつ音を楽音あるいは**調波複合音**という。

基本周波数が異なる二つの楽音の協和度について詳しく調べた結果，それぞれの成分の間の不協和度の和が小さければ，響きあって聞こえることが明らか

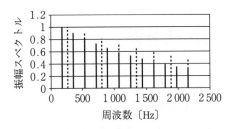
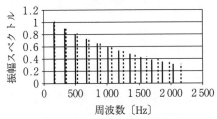

図 5.2 基音と倍音の重なり

になった。つまり，楽音の協和度は，「響きあわなさの程度が小さい」ならば高くなるという，直感とは裏返しの性質をもつことになる。

　この不協和度は，2楽音の基本周波数が2：3や，3：4などと簡単な整数比の場合に小さく（つまり響きあい），13：14など複雑な比の場合には大きく（つまり，濁って響きあわなく）なる。**図 5.2**は，その背景を示したものである。図の上段と下段は，楽音の基本周波数が2：3の場合（**完全五度**）と，17：18（約半音の差）の場合の，基音と倍音の周波数の関係を示している。2：3の場合には，多くの倍音の周波数が一致（＝不協和度は零）し，それ以外の場合も周波数差が大きい。その結果，不協和度の和は小さく，よく響きあった音になる。一方，17：18の場合には，周波数差が小さい音の組合せが数多く存在することになる。そのため，不協和度の大きくなる倍音の組合せが多く存在することとなり，結果として，不協和度の和が大きく，響きは濁ったものとなる（💿5-B）。

5.1.2 音　　　律

　近世以前は，周波数という概念はなかったものの，すでに古代ギリシャ以前から，弦の長さと音の高さが密接，かつ単純な数学的関係をもつことはよく知られていた。紀元前6世紀に活躍したピタゴラスは，一弦琴の名手であったと伝えられている。彼は，弦の張り（張力）を一定に保ったまま，長さを半分にすると，とてもよく似た感じの音（オクターブ）が得られることや，2/3にした音（**完全五度**）はよく響きあうことなどを詳細に調べていたとされる。

　音楽を構成する音の高さをどのように設定するか，すなわち音階は，美しい

音を奏でるために重要である。その基盤となる考え方（設定法）を音律と呼ぶ。古来よりさまざまな研究と提案が行われてきた。ここでは，7種の基本音で構成される西洋音楽の音律を3種説明しよう（●5-C）。

〔1〕**ピタゴラス律**　最も古典的な音律である**ピタゴラス律**では，完全五度と完全四度の響きを重視し，**完全五度**の周波数比がちょうど2：3，**完全四度**は3：4になることを基本として音階が構成されている。単純な整数比の組合せを基本にしたことは，協和度が高くなる組合せを多くしたことを意味する。

図5.3は，完全五度と完全四度とを用いたピタゴラス律の基本的な仕組みを示したものである。長音階の基本となる主音のドと，ソの周波数比が2：3，主音ドとファの周波数比は3：4に設定される。ドと1オクターブ上のドの周波数比は1：2である。したがって，ファとソの周波数比は8：9となる。この周波数比8：9が，ピタゴラス律における全音の周波数比である。

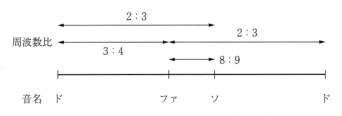

図5.3　ピタゴラス律の基本的な仕組み

この関係を基本に，1オクターブを構成する7音は次のように定められる。

まず，図にあるように，ソを主音ドに対して周波数が3/2の音と定める。次に，このソの音のさらに3/2倍の周波数の音を考えてみよう。主音ドから周波数を3/2倍することを2回繰り返すので，周波数は $(3/2)^2 = 9/4$ となる。これは，主音ドからみて，周波数が2倍以上離れてしまっており，1オクターブの範囲に入らない。そこで，1オクターブの範囲，すなわち，周波数が1から2の範囲に入るよう，1オクターブ下の音（周波数が1/2の音）になるよう調節し，9/8とする。図に示すように，9/8はピタゴラス律における全音の比であるので，これはドの全音上のレということになる。

106   5. 音 楽 と 音 響

この後も，主音ドから周波数を 3/2 倍することを続けていってみよう。3/2 倍を 3 回続ければ $(3/2)^3 = 27/8$ である。この音についても，主音ドから 1 オクターブ以内となるよう，周波数を 1/2 にすれば 27/16 の音が得られる。これは，$3/2 \times 9/8$ と分解できるので，ソの全音上の音，すなわちラとなる。まったく同じようにして，$(3/2)^4$ から 81/64 の音が設定できる。これはミとなる。また，$(3/2)^5$ からは，主音ドからみて周波数が 243/128 の音であるシが設定される。

ドに対する周波数比	1		9/8		81/64		4/3		3/2		27/16		243/128		2
音名	ド		レ		ミ		ファ		ソ		ラ		シ		ド
隣り合う音の周波数比		9/8		9/8		256/243		9/8		9/8		9/8		256/243	

　ピタゴラス律による音階では全音の比が $9/8 = 1.125$，半音は $256/243 = 1.053$ となる。この半音二つ分は $1.053^2 = 1.109$ であることから全音の比に届かない。いい換えれば，ピタゴラス律の半音は全音の半分より狭めとなる。また，長 3 度と短 3 度の周波数比が複雑になるため，その響きに問題が生じる。例えば長 3 度は $81/64 = 1.266$ と，高い協和度が得られる簡単な整数比 1.250（4：5）より 1.3 ％ほど広くなっている。これは 1/5 半音程度の違いである。

〔2〕　**純正律**　　この音律では，長 3 和音の響きを重視し，**主要 3 和音**について，各和音を構成する 3 音の周波数比が 4：5：6 となることを基本に音階が構築されている。したがって，まず，**主和音**ドミソの周波数比を 1，5/4，3/2 と設定する。次に，**属和音**ソシレは，ソの周波数が主音ドの 3/2 倍であることと，3 音の周波数比を 4：5：6 とすることから次のように設定できる。まず，シは $3/2 \times 5/4 = 15/8$ となる。レは $3/2 \times 6/4 = (3/2)^2 = 9/4$ となるが，このままでは主音ドの 2 倍以上の周波数となり 1 オクターブの範囲から外れるため，1 オクターブ下の音（周波数が 1/2 の音）として，主音ドの周波数の 9/8 と設定する。**下属和音**ファラドについては，このドが，主音ドの 1 オクターブ上のドで，周波数が 2 倍であることから，ファは $2 \div 3/2 = 4/3$，ラは $2 \div 6/5 = 5/3$ と設定される。その結果，次の音階が得られる。

ドに対する周波数比	1		9/8		5/4		4/3		3/2		5/3		15/8		2
音名	ド		レ		ミ		ファ		ソ		ラ		シ		ド
隣り合う音の周波数比		9/8		10/9		16/15		9/8		10/9		9/8		16/15	

　純正律では，全音の比が 2 種類となる。また，ラ：レの周波数比が，高い協和度が得られる周波数比である 3：2 から約 1.2%，すなわち 1/5 半音ほど低い約 1.4815 となるなど，主 3 和音以外についてはかなりのずれが生じる。また，#や♭まで考慮すると，全音離れた 2 音について，下の音の#と上の音の♭の周波数が一致しないという問題もある。

　〔3〕 **平均律**　　純正律とピタゴラス律には，長所もあるものの，上述のような欠点があり，また，それに起因して，ある調に合わせた楽器では，それ以外の調の演奏が困難になるという大きな問題も存在する。そこで，どの調についても均等な性質が得られ，転調も容易な**平均律**が考案された。

　平均律では，1 オクターブを構成するすべての半音の周波数比を等しく設定する。1 オクターブは 12 の半音間隔で構成されているので，半音の関係を 12 音重ねていったときに周波数が 2 倍になるように半音の周波数比を設定すればよいと考えられる。つまり，(半音の周波数比)^{12}=2 となるような値を求め，これを半音の周波数比として用いる。よって，半音の周波数比は，$2^{1/12}$= 1.05946 となる。音階を，すべてこの半音間隔を基本として構成するのが，平均律である。なお，1 半音の周波数比を 100 セントという。1 セントの周波数比は $2^{1/1200}$=1.000578 である。

　したがって，平均律による音階は次のような形となる。

ドに対する周波数比	1		1.1225		1.2599		1.3348		1.4983		1.6818		1.8877		2
音名	ド		レ		ミ		ファ		ソ		ラ		シ		ド
隣り合う音の周波数比		$2^{1/6}$		$2^{1/6}$		$2^{1/12}$		$2^{1/6}$		$2^{1/6}$		$2^{1/6}$		$2^{1/12}$	

　平均律では，例えば長三度，完全四度と完全五度にあたる周波数比が $2^{1/3}$= 1.2599，$2^{5/12}$=1.3348，$2^{7/12}$=1.4983 というように，いずれの音の組合せについても単純な整数比にはならない。しかし，高い協和度が得られると期待さ

れる値（それぞれ，5/4と4/3，3/2）とのずれは比較的小さく，そのため，どの調も比較的良好な協和性をもちながら，すべての調について均質な特性が得られる。このような特徴から，現在では，平均律が広く用いられている。

5.2 楽器の音

5.2.1 楽器が音を出す仕組み

音楽を演奏するときには，一般に楽器の音や人間の声を使って音を作る。人間の声ができる仕組みと，その音の特徴については第4章で解説した。それでは，楽器の音はどのようにして生成され，どのような性質があるのだろうか。

まず，音の出る仕組みについて見てみよう。音の出る仕組みは楽器によってさまざまである。発音機構によって楽器を大まかに分類したものを**図5.4**に示す。楽器は，「何が音を出すのか」「どうやって音を出すのか」によって分類することができる。

弦楽器は，細長い弦を振動させて音を出す楽器である。弦の振動によって空

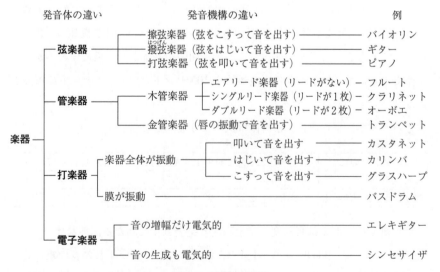

図5.4 楽器の分類

気が振動して音が出るが，弦の振動だけでは音が小さいことが多いので，多く
の弦楽器では共振によって音を増幅させるための機構（バイオリンの胴など）
をもっている。

管楽器は管の中で空気が振動することで音を出す楽器である。振動をどう
やって作るかによって，いくつかの種類に分かれる。**金管楽器**（ラッパ）は，
人間の唇の振動を使って最初の振動を発生させる。金管以外の管楽器は**木管楽
器**（笛）と呼ばれるが，木管楽器には**リード**があるものとないものがある。
リードは細長い板状の機構で，これを人間の息で振動させることで音を出す。
フルートや尺八などリードのない楽器は，**エアリード楽器**とも呼ばれ，管の端
や管に開けた穴に息を吹きこみ，その際に発生する空気の振動によって音を出す。

打楽器は，弦楽器と管楽器以外の機構によって音を出す楽器である。打楽器
には，ドラムのように膜を振動させるものと，トライアングルやカスタネット
のように膜ではない発音体を振動させるものに分けることができる。また，ド
ラムやシンバルのように明確な高さのない音を出す楽器と，マリンバのように
明確な高さのある音を出す楽器に分類することも可能である。

電子楽器は，音を出す過程に電気的な処理を使う楽器の総称である。電子楽
器には，エレキギターのように従来の楽器の音を電気的に増幅するものと，音
の発生からすべて電気的に行うものがある。電気的に音を生成する楽器は一般
に**シンセサイザ**と呼ばれる。

楽器から音が出る仕組みの一例として，**エアリード楽器**を例にして簡単に説
明しよう。例えば尺八のように，両端に穴が開いている管に息を吹き込んで音
を出す場合を考える。簡単のために，管の横には穴は開いていないものとす
る。前述のように，エアリード楽器では，管に空いた穴の端に吹きかけられた
息の流れが作る渦（乱流）が振動の元，すなわち音の元になる。これを**図5.5**
に示す。安定した振動を作るには，息の流れる速度が適切でなければならな
い。そのために，エアリード楽器で音を出すためには訓練が必要になる。

乱流によって発生した振動は，管の共振（8.9節参照）によって増幅され
る。フルートのように両端が開いた管の場合，基本モードでは両端で音圧が0

図 5.5　乱流と振動の発生の模式図

になるので，定在波の波長は管の長さの 2 倍になる（図 8.33 参照）。したがって，管の長さが 30 cm のとき，その管で鳴る音の周波数はおよそ 560 Hz となる。共振周波数は管の長さに反比例するので，低い音を出すには管を長くする必要がある。また，管の途中に穴を開けると，管の長さをその穴の位置まで短くしたのと似た効果が得られるので，穴を閉じたり開いたりすることで音の高さを変えることができる。

5.2.2　楽器から出る音の特徴（◉5-D, ◉5-E, ◉5-F）

楽器から出る音には，ピアノやバイオリンのように明確な高さがある音（**周期音**）と，ドラムのように明確な高さのない音（**非周期音**）がある。それぞれの音はどのような特徴をもっているのだろうか。

ピアノ，クラリネット，バスドラム，シンバルの音の波形を**図 5.6**に示す。これを比較すると，周期音であるピアノとクラリネットの音では似た波形が連続しているのに対し，非周期音であるバスドラムとシンバルの音ではそのような規則性が見られない。

次に，これら周期音と非周期音の周波数スペクトルがどのようになっているかを見てみよう。ピアノとクラリネットの音の周波数スペクトルを**図 5.7**に，バスドラムとシンバルの音の周波数スペクトルを**図 5.8**にそれぞれ示す。これらを比較すると，周期音の周波数スペクトルは 5.1.1 項で説明した**調波複合音**であることがわかる。これに対して，非周期音は調波構造をもたない。

図 5.7 (a), (b) を見比べれば，周期音であってもその調波構造の形が大きく異なることがわかる。ピアノは比較的高い周波数まで高調波がはっきり表れているのに対して，クラリネットでは 4 000 Hz 付近で高調波が消えてしまっている。このような高調波の違いが，楽器の音色の違いとなる。

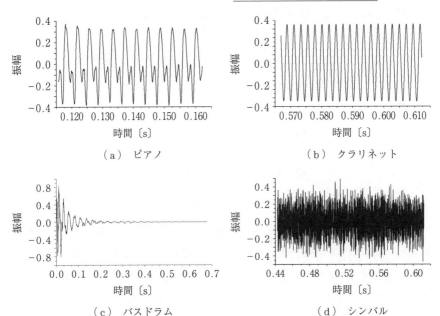

図 5.6 楽器音の波形

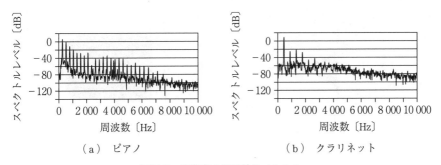

図 5.7 周期音の周波数スペクトル

一方,同じ非周期音であるバスドラムとシンバルでは,その全体の形が大きく異なっている。バスドラムは低い周波数の成分が強いのに対して,シンバルは高い周波数まで強い成分をもっている。このような周波数スペクトルの形の違いも,楽器の音色を決める大きな要因となる。

前述の周波数スペクトルにより,楽器音の短時間の音色が決まるが,楽器の

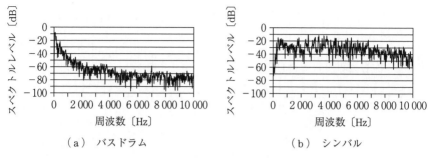

(a) バスドラム　　　　　　　(b) シンバル

図 5.8　非周期音の周波数スペクトル

音色にはもっと長い時間での波形の変化も重要である。ピアノなど，発音体を叩いて音を出す楽器の場合，音の大きさは急速に強くなり，そのあと徐々に減衰する（**図 5.9**（a））。一方，管楽器の場合には，管に息を吹き込んでから音が大きくなるまでに少し時間がかかる。その後，息を吹いている間の音の大きさはおおむね一定であり，吹くのを止めるとピアノなどに比べて急速に音が小さくなる（図（b））。また，トレモロ奏法のように，音が鳴っている間の音の大きさが周期的に変化する場合もある（図（c））。

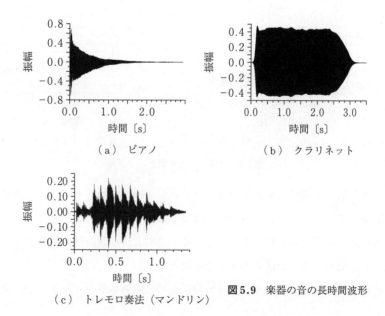

(a) ピアノ　　　　　　　(b) クラリネット

(c) トレモロ奏法（マンドリン）

図 5.9　楽器の音の長時間波形

5.3 音楽の情報処理 　　113

> **コラム 5.1　音階のある打楽器の音**
>
> 　5.2 節では，打楽器の代表としてバスドラムとシンバルを取り上げた。これらのドラム系楽器（いわゆる太鼓）だけでなく，明確な高さのある音を出す打楽器もある（例えば木琴や鉄琴，鐘など）。このような「音階のある打楽器」の音は，管楽器や弦楽器の音とはちょっと違っている。図は，鉄琴の音のパワースペクトルである。ピアノやクラリネットと同じように，高調波が並んでいる。しかしよく見ると，高調波が等間隔に並んでいないことがわかる。図の大きいピークは，低いほうから 1 058, 2 953, 5 691, 7 204, 9 214, 9 329 Hz と並んでいる。このように，基本周波数の整数倍でない高調波を**非整数倍音**という。
>
>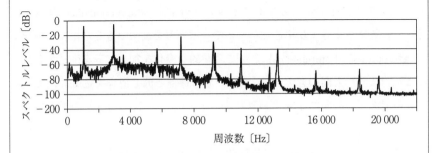
>
> 　弦楽器や管楽器の場合には，発音体は一方向に長いので，振動は 1 次元と見なすことができる。そのため，これらの楽器から出る音は，1 次元の定在波（8.9 節参照）から発生し，高調波は基本波の整数倍の成分が主となる。これに対して，例えば鉄琴の場合，音板の長さ，幅，厚さのいずれも無視できないので，音板はもっと複雑な共振モードをもつことになり，その音には基本波の周波数とは関係のない多くの成分が含まれる。鉄琴やゴングなどの独特の音色は，このような非整数倍音によって特徴づけられる。

5.3　音楽の情報処理

　コンピュータの発達に伴って，コンピュータを使った音楽の処理が広く行われるようになってきた。この節では，そのような音楽の情報処理としてどのようなものがあるのかを，音の処理を中心に紹介する。なお，音の処理による音楽の情報処理以外にも，記号（おもに楽譜の情報）処理による音楽情報処理の

研究も広く行われているが,ここでは割愛する.

5.3.1 音を作る

楽器の音を電気的に作る試みは,1920年代に電子楽器が発明されて以来,今日まで続けられてきている.電子回路によってさまざまな楽器の音を発生させる装置を一般に**シンセサイザ**と呼ぶ.基本的な**アナログシンセサイザ**のブロック図を図 5.10 に示す.アナログ回路を用いたシンセサイザでは,のこぎり波などの波形を発振器(**VCO**:voltage controlled oscillator)で発生させ,それを周波数特性が変えられるフィルタ(**VCF**:voltage controlled filter)に通して音色をさまざま変化させたうえで,増幅率を制御できる増幅器(**VCA**:voltage controlled amplifier)によって時間的な変化を加えて音を生成する.これは,管楽器や人間の音声(4.1 節)の発音機構と同じ原理を電気的に実現したものである.時間的な変化を発生させるために,図 5.9(a)のような音の大きさの時間変化を電気的に発生させるエンベロープジェネレータが用いられる.また,ビブラートのように周期的な周波数の変化を加えるために,低周波発振器(**LFO**:low frequency oscillator)が用いられる.

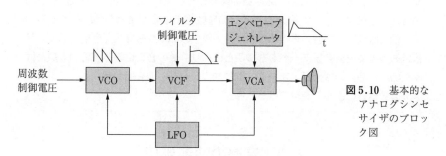

図 5.10 基本的なアナログシンセサイザのブロック図

ディジタル回路によって音が扱えるようになると,ディジタル処理によって音を作る**ディジタルシンセサイザ**が使われるようになった.ディジタル処理による代表的な音合成方式として**周波数変調合成**(**FM 合成**)方式がある.FM 合成は,周期音から非周期音までさまざまな音が合成できる方式であり,楽器としてのシンセサイザのみならず,ゲーム機や携帯電話の着信メロディなどの

音源として広く使われている。

現在は，音を電気的に発生させるのではなく，本物の楽器音をディジタル的に録音しておき，それをそのまま，あるいは加工して再生することで音を出す方式（**サンプリング方式**）も広く用いられている。音声合成における録音合成（4.3節参照）と原理的には同じである。ディジタル録音にはPCM方式（4.2節参照）が用いられるため，この方式のシンセサイザも**PCM方式**と呼ばれることが多い。

さらに，弦楽器や管楽器などが音を出す機構の物理シミュレーションによって音を出す方式や，音声の分析合成による**ボコーダ**（4.2節コラム参照），音声合成技術を応用した歌声合成なども用いられている。

5.3.2 音を聞き分ける

音声の認識（4.3節参照）と同じように，楽器の音を認識して，演奏に関するさまざまな情報を自動的に推定する技術も研究されている。代表的なものとして，音楽信号から元の音楽の楽譜を推定する**自動採譜**の技術がある。自動採譜を行うためには，少なくとも次のような技術が必要となる。

1） 単音の高さを推定する。（基本周波数推定）
2） 複数の音が同時に鳴っているときに，どの高さの音がいくつ鳴っているのかを推定する。（和音推定）
3） 音を観測して，どの楽器の音なのかを推定する。（楽器認識）
4） 曲の調を推定する。（調性認識）
5） 曲のテンポを推定する。（テンポ認識）

これらのうち，1），2）について簡単に解説する。

1）の**基本周波数推定**は最も基本的な技術であり，音楽だけでなく音声の分析にも用いられる。観測音が推定すべき音だけからなる場合には比較的容易である。手法としては，観測波形が時間的に類似した形の連続であることを利用し，波形を時間的にシフトさせたときに元の波形と最も重なるようなシフト量（基本周期）を探す方法がある。これを**図 5.11**に示す。最適なシフト量を計算するには，**自己相関関数**と呼ばれる信号処理法を用いる。その他にも，波形

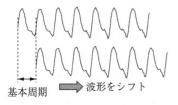

図5.11 基本周期を探す

の周波数スペクトルのピークを探す方法や，信号処理の一種である**ケプストラム分析**を用いる方法など，さまざまな方法が提案されている。

2）の**和音推定**は難しい問題である。三つのピアノ音と，それを同時に鳴らしたときの和音それぞれの周波数スペクトルを**図5.12**に示す。和音推定は，図（b）の周波数スペクトルを観測したときに，それを図（a）の三つの周波数スペクトルに分解することに等しい。和音として鳴っている音の数と，単音の調波構造が既知であれば，それらを重ね合わせたときに観測音と最も近くなる組合せを探せばよいが，これを実用的な時間で行うには工夫が必要である。このための方法として，**ハーモニッククラスタリング**などが提案されている。一方，調波構造が異なる複数の楽器や，ドラム音など調波構造を持たない音が混じっている場合には，推定はより困難になる。

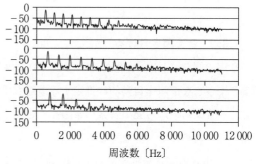

（a）三つの単音の周波数スペクトル

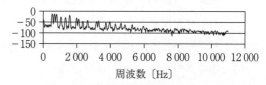

（b）三和音の周波数スペクトル

図5.12 単音と和音のスペクトル周波数

5.4　音楽の符号化と伝送

1970年代の急速なディジタル信号処理の進展を背景に，**コンパクトディスク**，つまり**CD**が登場し，それ以降音楽信号のディジタル処理は急速に普及し

た。現在は，**MP3** や **AAC** などの音楽符号化，それを使ったオンライン音楽販売など，音楽とディジタル処理はきわめて深い関係にある。この節では，これら音楽の符号化技術について解説する。

5.4.1 CD の 音

4章で述べたように，人間の声の場合，4 kHz 程度までの音があれば了解可能な音が伝達できる。しかし，音楽信号は音声よりもはるかに広い周波数の音を含んでいる。1.4.4項で見たように，人間の耳が知覚できる音の高さの限界はおよそ 20 kHz である。そこで，代表的なディジタル音楽規格であるコンパクトディスク（CD）の場合，サンプリング周波数は 44.1 kHz と定められている。このサンプリング周波数で再現できる音の限界は 22.05 kHz なので，事実上，人間に聞こえるどんな音でも再現できることになる。

CD では，44.1 kHz でサンプリングされた音が，16 ビットで線形量子化されている。16 ビットで量子化することにより，音信号を −32 768〜32 767 の整数で表現することになる。このとき，最も大きい振幅と，（0 でない）最も小さい振幅の比は約 32 000 倍になる。これは，オーケストラなど大きい音と小さい音に極端な差がある音楽を忠実に再現するには不足であるものの，多くの音楽を十分な精度で表現することができる。また，CD では 2 チャネルステレオの音を記録・再生することができる。

5.4.2 高能率音楽符号化

CD の音は高品質であるが，情報量が非常に多い。CD のステレオ音源をそのまま伝送するために必要な速度（ビットレート）は約 1.4 メガビット毎秒である。例えば，3 分の音楽を CD の形式で符号化すると，30 メガバイト以上の大きさになる。音楽が CD メディア上に固定されているだけであれば情報量が多くても問題ではないが，音楽をコンピュータ上に蓄積したり，ネットワークを介して音楽を伝送したりする場合には，その容量の大きさが問題になる。音楽データの情報量を減らすには，サンプリング周波数を下げるか，あるいはサ

118　　5. 音 楽 と 音 響

ンプルの量子化ビット数を下げればよい。しかし，これらを下げれば音楽信号の品質が低下してしまう。そこで，音楽を聴いたときの品質をできるだけ保ったまま，情報量を減らすための方法が発明されている。このような方法を音楽信号の**高能率符号化方式**という。

高能率符号化方式の代表的な方法として **MP3**（MPEG 1 audio layer 3）がある（◉5-G）。MP3 は映像符号化方式 MPEG1 に使われているオーディオ符号化方式の一つである。MP3（に限らず，多くの高能率符号化）の基本的な考え方は，「よく聴こえる音は細かく量子化し，あまり聴こえない音は粗く量子化する」というものである。一般に，非常に低い音や高い音は人間には聴こえにくく，1 kHz 前後の音はよく聴こえる。そこで，非常に低い音や高い音は粗く量子化し，中ぐらいの音は細かく量子化することで，音質を落とさずに平均的な量子化ビット数を下げることができる。また，2.3.2項で説明したように，マスキングの影響によって，大きい周波数成分の近くにある小さい音は聞こえなくなる。これを利用して，大きい周波数成分の付近は粗く量子化することで，知覚的な音質を落とさずに，さらに量子化ビット数が削減できる。これを実現するためには，音を高さごとに分けることが必要である。

　MP3 では，これを実現するために，入力音を周波数ごとの要素に分けている。音を高さごとに分けた後，その音の聴こえやすさに応じて量子化を行う。このとき，最小可聴域とマスキングを考慮して，どの高さの音をどの程度粗く量子化するかを決める。MP3 で標準的な 128 キロビット毎秒でステレオ音楽信号を符号化する場合，1 サンプルあたりの量子化ビット数は平均 1.5 ビット程度である。

　MP3 の他にも，多くの高能率符号化の方式が提案されている（◉5-H）。例えば **AAC**（advanced audio coding）は，MP3 よりもさらに圧縮率を高めた符号化方式の一つである。AAC 方式では，そのための工夫として，例えば MP3 では考慮されていなかった継時マスキング（2.3.2項参照）まで考慮した量子化を行っている。AAC 方式は，地上デジタル放送の音声符号化にも用いられている。

5.4.3 CD を超える音

前述のとおり，CD は多くの場合に十分な精度で音楽信号を表現する能力を持っている。しかし，さらに高品質な音を使うために，CD を超えるオーディオ記録の規格がいくつか提案されている。

SACD（Super Audio CD）は，従来の CD を超える規格として提案された。CD と比較して，SACD には次のような特徴がある。

1）　SACD では，CD のような PCM 方式ではなく，**デルタ・シグマ変調**（コラム 9.1 参照）という方式を使っており，サンプリング周波数 2.822 4 MHz，量子化ビット数は 1 ビットである。この方法では，人間に聞こえる周波数領域の品質を上げて，その分の誤差を人間に聞こえない周波数領域に集めることができる。そのため，可聴周波数領域では CD の音の量子化ビット数（16 ビット）よりも高品質な音の記録・再生が可能である。

2）　可聴周波数（およそ 20 kHz まで）よりも高い周波数（およそ 100 kHz まで）の音の記録・再生が可能である。

3）　通常の CD は 2 チャネルステレオの音しか記録できないが，SACD では 5.1 チャネルサラウンドの音の記録が可能である。

高品質なオーディオ記録のもう一つの規格として **DVD-Audio** がある。DVD-Audio は，DVD メディアに記録する高品質オーディオの規格である。DVD-Audio は，CD と比較して次のような特徴がある。

■　サンプリング周波数を 44.1 kHz〜192 kHz の中から選ぶことができる。192 kHz でサンプリングした場合，原理的には 96 kHz の「音」（周波数の高い部分は超音波）を記録することができる。

■　量子化ビット数を 16 ビット〜24 ビットの中から選ぶことができる。

■　チャネル数をモノフォニック（1 チャネル）〜5.1 チャネルサラウンドの中から選ぶことができる。

120   5. 音 楽 と 音 響

┌─ **コラム5.2　CD 以上の音は本当に必要なのか？** ─┐

　SACD や DVD-Audio では，通常の人間には聞こえないとされている高さの音や，極端に大きさの違う音が規格上は記録できることになっている。しかし，それほどの性能が本当に必要かどうかについては議論がある。

　音の高さに関しては，人によっては 26 kHz 程度の音まで聞きとれるとする研究がある。また，それ以上の高さの音であっても，それが存在することで 20 kHz 以下の周波数のうなりが生じることがあるため，高い音まで記録・再生したほうが従来よりも忠実度の高い音になるという議論もある。もっと周波数の高い音（超音波）がどのように人間に影響するのかについては，現在盛んに研究されているものの，確定的な結論は得られていない。

　一方，16 ビット量子化で記録する CD のダイナミックレンジ（記録できる最も小さい音と最も大きい音のパワー比）が約 96 dB であるのに対し，24 ビット記録の場合には約 144 dB にも達する。これほどのダイナミックレンジの音を直接録音・再生できる系はないので，現在の技術では 24 ビット量子化の精度は十分生かせていないといえる。しかし，複数の音をミキシングして加工する場合，ダイナミックレンジに余裕があるほうが加工しやすいという利点がある。例えば，CD に記録できる最も大きい音を二つ加えた音は，そのままでは CD に記録することはできないが，DVD-Audio にはそのような音を 100 回加えてもまだ劣化なしで記録することができる。

　また，SACD や DVD-Audio は，規格上は高品質な音の記録が可能であるが，実際にそれらを使って音を記録・再生するには，マイクロフォン・アンプ・ケーブル・スピーカなどすべての録音・再生系が高品質オーディオに対応していなければ，その性能が十分発揮できない。そのため，高品質オーディオの録音・再生には十分な注意が必要である。

さらに勉強したい人のために

1) 安藤由典：新版 楽器の音響学，音楽之友社（1996）
2) N. H. フレッチャー，T. D. ロッシング著，岸憲史，吉川茂，久保田秀美訳：楽器の物理学，シュプリンガー・フェアラーク東京（2002）
3) 映像情報メディア学会編：総合マルチメディア選書 MPEG，オーム社（1996）

6 暮らしの中の音

　さっきのAさんからの電話，声が妙に響いていた。きっと部屋の中からかけてきたのだろう。
　響いた声は少し聞きにくくなるけれど，音楽ホールでクラシック音楽を聴くときに響きがなかったら，これはとても素っ気ない音楽になりそうだ。響きのきれいなホールで聴く音楽は，とてもすばらしいものだ。では，そもそも響きとはなんだろう。それを望みどおりにするにはどうしたらよいのだろう？
　ところで，さっきの電話を受けたときには，テレビの音がかなり大きかったので，ボリュームを下げるまでは相手の声が聞き取りにくかった。テレビの音はテレビをみるときには大事でも，他に聞かなくちゃいけない音があるときには，騒音になってしまうということだ。
　では，騒音とは何だろう？そして，壁越しに聞こえる音や自動車の音など，生活空間のわずらわしい音を抑えるには，どんな対処技術があるのだろう？

　こう考えると，建物や街の中の音を好ましいものにするためには，よい音を作る技術と，いらない音―騒音―をしっかり押さえ込む技術とが必要なことがわかる。この章では，そんな技術について基礎的な説明を行っていく。
　まずは広い野原で手をたたくところを想像してみよう。

6.1 音の伝搬と室内音響

6.1.1 直接音と反射音

手をたたくと手のひらの間から音が放射され，空気を伝わって聞き手の耳に音波が到達する。音が放射された点から音を受聴する点に何ものにも邪魔されずに直接届く音を**直接音**と呼ぶ。野原で手をたたいたときには，手から放射される直接音と，**反射音**と呼ばれる地面に反射してから届く音との二つの音が聴き手に届く。反射音は地面から手までの高さで生じる経路差分だけ直接音から遅れて到来する。例えば，**図6.1**のように地面から1mの高さで音源の位置から手をたたいた場合は，5m離れた1mの高さの観測点では直接音と地面からの反射音の経路差は約39 cmである。音速を340 m/s とすると反射音は直接音に対して約1.1 ms 遅れて観測点に到達する。

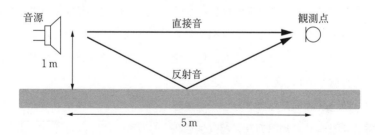

図6.1 直接音と反射音

野原や日常生活で反射音に気づくことはあまりない。なぜならば直接音と反射音の時間差が小さく，これらの音は一つの音として聞こえるからである。時間差が20 ms 程度になると二つの音が分離して聞こえ始め，50 ms になると完全に分離して聞こえる。山に向けて大きな声を出したときに山びこ（こだま）が聞こえるのは，反射音を返す山が十分遠い距離にあるからである（🎵6-A）。

6.1.2 壁による反射と吸音

図6.2のように音源が室内，つまり部屋の中に置かれている状況を想像し

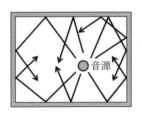
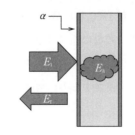

図 6.2 室内の音の反射　　**図 6.3** 壁への音エネルギーの入射（E_i），吸音（E_a）および反射（E_r）

よう。もし，壁が十分堅い材料でできているとすると音は壁にぶつかって何度も反射し，響きとなる。すべての壁が音を完全に反射する材料でできていたとすると，音は壁の間をぐるぐる駆け回って減衰しない（厳密には空気が音を吸収するので徐々に減衰する）。しかし通常の壁は音を吸収する。そこで壁による吸音の様子を**図 6.3**で考えてみよう。

壁に入射する音のエネルギーをE_iとして，吸収されるエネルギーをE_a，反射されるエネルギーをE_rとすると，エネルギーは保存されるので

$$E_i = E_a + E_r \tag{6.1}$$

となる。このとき壁の**吸音率**αは，1.4.2項で述べたように次式で表される（吸音率は，このように記号αで表されることが多い）。

$$\alpha = \frac{E_i - E_r}{E_i} \tag{6.2}$$

なお，壁を透過した音も，ここでは簡単のために，壁に吸音されたと考える。

室内音響では特に吸音率αが重要である。おもな建築材料についてはαが記載された資料が広く普及している。では，このαはどのように使われるのか，次の項で見てみよう。

6.1.3　残響音と残響時間

図 6.2のように室内では音が壁に何度となく反射して音が室内に残り，響きをつくる。これを**残響音**と呼ぶ。この残響音の響きの度合いを数値で表したものが**残響時間**であり，室内の響きの状態を評価する大変重要な指標である。こ

れはセイビンが1900年に発表して以来,今でも有効な指標として活用されている。**図6.4**に残響時間の概念を示す。音源からの放射音が定常状態にあるとき,その音源からの音の放射を止めると音は徐々に減衰する。その後,音圧レベルが60 dB減衰するのに要する時間を残響時間という。定常状態とは,音響的な性質が時間的に変動しない音源(定常音)を用いて音を放射し,室内のどこで測定しても音圧レベルが変化しなくなった状態のことである。図6.4では,音圧が一定の部分がそれにあたる。残響時間は図6.4のように定常状態で音源を停止し,音圧レベルが減衰する様子を測定することにより求められる。

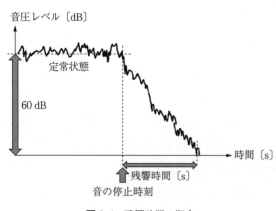

図6.4 残響時間の概念

図6.2の室の壁面の吸音率を α,壁面の表面積(天井,床,壁全体の面積)を S [m^2],室の容積を V [m^3] とする。このとき,残響時間 T は式 (6.3) のように表せる。

$$T = 0.16 \frac{V}{\alpha S} \ [\mathrm{s}] \tag{6.3}$$

ここで αS は,**吸音力**と呼ばれる室の音響特性を表す重要な特性である。

ところで,式 (6.3) が成立するためには,室内が**完全拡散音場**であることが前提となる。完全拡散音場とは,音響エネルギーが室内全体に均一に分布し,室内のいかなる位置でも音の進行方向はあらゆる方向に一様である,という条件を満たす音場である。現実的には必ずしも完全拡散音場の条件が満たされている場合だけではないが,残響時間の考え方は,そのような場合にも近似的には成り立つことから広く用いられている。

6.1.4 インパルス応答の測定

音源から放射された音波は，室内の壁に反射されながら伝搬され聞き手に届く。**インパルス応答**にはこの過程の時間的・周波数的情報が含まれている。室内の空間は空間内でインパルスを放射しても変化せず，時間的にも変化しないので線形時不変のシステムとみなせる（9.4.1項参照）。

図6.5は同じ残響時間（2.1 s）をもつコンサートホールおよびアリーナで測定されたインパルス応答の例である。ステージ上で放射されたインパルスは直接マイクロフォンに届く（直接音）ほか，壁，床および天井にも届き，それらからのたくさんの反射音もマイクロフォンに届く。図の一番初めの長いパルスが直接音を，また，直接音以外の多数のパルス列が反射音を示している。ここに例示したコンサートホールは反射音が多く音楽が豊かに響くように設計されており，アリーナは大空間で反射音が少なくなるように吸音して設計されている。同じ残響時間の室でもインパルス応答はこのように異なっている。インパルス応答には音源から受音点に到達するまでの伝搬経路に関するすべての情報が含まれており，室の音響状態を知るために重要な情報である。

インパルス応答を測定するための音源として古くはピストルや風船の割れる音など不安定な音源を用いてきた。しかし最近は，計算機の発達とディジタル信号処理技術の発展により，数学的な処理に基づく高精度で安定した計測が容易に行えるようになってきた（●6-B）。

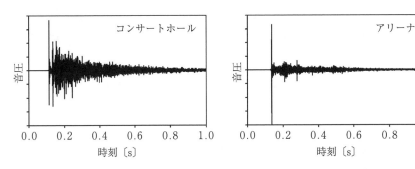

図6.5 コンサートホールおよびアリーナで測定されたインパルス応答の例

6.2 室内音響の評価と設計

6.2.1 室内音響の評価

コンサートホールが異なると音楽も違って聞こえる。その理由を解き明かすために，室内の響きと音の聞こえかたの関係について多くの研究が行われている。多くの室内の響きを表現する物理的な量はインパルス応答から求められる。先に述べた残響時間のほかにも表6.1 にあるようなさまざまな指標が提案されており，国際規格（ISO 3382-1）にも記載されている。

表 6.1 室内音響の評価指標

指標	対応する感覚	概要
初期残響時間	残響感	残響減衰開始のはじめの 10 dB 減衰するまでの時間を 6 倍して求める。
C 値	音楽の透明性	直接音到来時から 80 ms までのエネルギーの割合。
D 値	言葉の明瞭性	直接音到来時から 50 ms までのエネルギーの割合。
STI（音声伝送指数）	言葉の明瞭度	音声波形の強弱の様子が室を伝わる間にどの程度小さくなるかを表す指標。
G（ストレングス）	迫力感	音源のパワーレベルで規準化した音圧レベル。
Ts（時間重心）	音楽や言葉の透明性・明瞭性	インパルス応答を 2 乗してできる図形の重心。

また，コンサートホールなどでは，音が拡がる感覚や音に浸っている感覚などの印象をもつ。この印象のことを**空間的印象**と呼ぶ。空間的印象に関連した物理量は，双指向性マイクロフォン（3.1.3 項参照）やダミーヘッドマイクロフォンにより測定されたインパルス応答などより求められる。特にダミーヘッドマイクロフォンを用いて測定する左右の耳に入射する音波の間の関係は音の空間的印象に大きく関わっている（3.3 節参照）。

6.2.2 壁面の形と反射音

部屋の形（室形）はその場で聞こえる音に影響を及ぼす。室形による音響効果を狙った代表例はコンサートホールであり，「巨大な楽器」と呼ばれること

6.2 室内音響の評価と設計　　127

もある。ここでは室形を構成する壁面の形と響きの関係について述べる。

　はじめにここでは湾曲した面を考えてみる。建物で使うことが多いのは体育館などで見られるボールト天井と呼ばれるかまぼこ型の天井，あるいは半球状のドーム型の天井であろう。湾曲した壁面は光でいえばレンズのような働きをする。ピントが合う位置に音が集まり大きな音となる。逆にそれ以外の場所では小さな音となる。楕円形あるいは円形の部屋では焦点や円の中心に音が集まる。凸形状だと逆のことが起きて音が特定の点に集まらずにいろいろな場所に散らばっていく，つまり室の中で音が拡散し完全拡散音場に近づくのである（6.1.3項参照）（🏉6-C）。

6.2.3　壁面の凹凸と反射音

　室や壁面の形状の工夫だけではなく，壁面に凹凸をつけても音を拡散させることができる。凹凸の寸法により拡散する音の周波数が決まり，凹凸が大きいほど低い音まで拡散させることができる。例えば 1 000 Hz 以上の音を十分拡散させるためには少なくとも波長の長さ程度の 30 cm の凹凸が必要である。

　平行面がある程度の広さであるとき，また音の焦点が存在する空間で手をたたくと「ビヨーン」や「パンパン」といった特異な音が聞こえる。これを**フラッタエコー**と呼ぶ。フラッタエコーは音楽や言葉の聞きとりの妨害となる**音響障害**の一種である。拡散処理はフラッタエコーなどの**音響障害**の一種を低減するために用いられることもある。拡散の効果を大きくするためには室の内部に物を置いたり，壁面に凹凸をつけたりする。拡散の効果によりいわゆる自然な響きに近づいていくのである。世界中のコンサートホールの中でも大変音がよいといわれているウィーン楽友協会大ホールには女神の像がたくさん置いてあるが，これらは単なる飾りではなく音を拡散させるのに大変効果的であり，魅力的な響きを創っているともいわれている（🏉6-C）。

6.2.4　室 形 と 響 き

　単純な室形ほど室内の音の振る舞いが規則的になる。例えば，長方形の室で

128　　6. 暮らしの中の音

は，室の寸法によって決まる特有の周波数について，音圧レベルの高い場所や低い場所が生じる。部屋の隅で不自然に音が大きくなる，低音がこもる，大きな音を出しても部屋の真ん中で聞こえない，などは日常経験することもある現象である。これは音の波動的な性質による現象で，**固有モード**（8.10節参照）と呼ばれる現象である。あるモードを生じる周波数を**固有周波数**といい，波動方程式から求められる。室の形を複雑にするにつれて固有モードの影響は小さくなり，室内の音の分布に偏りがなくなってくる（⌖6-D）。

　コンサートホールではステージがあり客席がある。電気音響機器を使わないクラシックのコンサートは楽器の音が十分に届くよう客席に強い反射音が均一に到達するように，そしてステージ上にも演奏に有効な反射音が返ってくるように設計してある。またステージ上に**浮雲**と呼ばれる反射板が設置してあることもある。これらの反射板は演奏者が合奏しやすいように，たがいの音が聴こえるようにする目的で設置されている。

6.2.5　響きのコントロールと音響設計

　室には必ず響きが存在する。教室ではあまり響かずに先生の話がきちんと聞こえなければならない。体育館では響きすぎると話が聞き取りにくい。コンサートホールでは音楽が美しく響くことが望まれる。カラオケで気持ちよく歌えるのも響きを電気的に補っているからである。このような電気的な残響付加はコンサートホールでも用いられている。また，コンサートホールでは演奏曲目により最適な響きが異なることから，カーテンや可変吸音壁（壁の一部を回転させて吸音率を変化させる）などの工夫が行われている。

　このように室の用途に応じて響きの量や質を最適に設計しなければならない。室形や壁の形状を工夫することによりさまざまな特性の響きが得られる。これを上手に使えば，ホールを特徴付ける響きとして積極的に利用できる。しかし，そのような工夫を怠ると音響障害を生じさせることがある。音響設計では，何よりも音響障害を避けることが重要である。

　音響障害を避けるには吸音材が有効となる場合が多い。例えば，曲面による

音の集中は壁からの反射音を減少できればなくなる。フラッタエコーは平行面で生じるが，吸音材を壁に張り付けることにより少なくすることができる。一方，反射音は音を大きく聞こえさせる効果もあるので，あまり吸音に頼らず反射音を拡散させて滑らかに響かせることもある。

先にも述べたが，基本的には残響時間を基本として設計を行うことが多い。式 (6.3) からもわかるように，もし室の大きさが決まっているとすれば，残響時間をコントロールするには室の吸音力 αS をコントロールしなければならない。室の用途ごとの最適残響時間を図 6.6 に示す。残響時間の代表値としては，500 Hz を帯域中心周波数とするオクターブバンドでの計測値や予測値を用いることが多い。室の用途がなんであれ，室容積が大きくなればなるほど最適残響時間は長くなる。豊かな響きが必要なコンサートホールや教会音楽では長い残響時間が求められ，アナウンスや会議といった言葉の聴き取りが必要な室では短い残響時間が求められる。

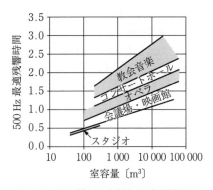

図 6.6 室の種類と容積と最適残響時間

壁から反射される音で比較的早い時間（直接音から 50 ms 以内）に耳に届く音を**初期反射音**と呼ぶ。初期反射音は，直接音の聞こえる方向を変化させることなく，直接音の聞こえを補強する効果があることが知られている。これを**先行音効果**と呼ぶ。この効果により，教室程度の大きさの部屋の場合，初期反射音は，それがない場合に比べて直接音の聞こえを 6 dB 相当強めることになる。つまり，初期反射音がなければ先生はさらに 6 dB 大きな声（2 倍の音圧をもつ声）で授業を行わなければならない。また，先行音効果は，音像の定位位置を大きく変えずに音の大きさを増強する場合などにも応用される。音を聞いて確かめるための高精度なインパルス応答の計測およびコンピュータシミュレーションが容易に行えるようになってきたため，より詳細な反射音の制御が可能となっている。

最近では響きの質についても議論されるようになり，壁に凸凹をつけて音を積極的に拡散させることが広く行われている。その場合，理論計算に基づいて設計することも行われている。

室内音響の設計時に考えることは

1) 適切な残響時間であるかどうか（響きすぎていないか）
2) 音量は十分か

コラム 6.1　無響室と残響室

室内でも反射音がまったく聞こえない**無響室**と呼ばれる空間がある。そのような部屋はスピーカやマイクロフォンなどの音響機器の品質評価，いろいろな機械が放射する音響エネルギーの測定，およびさまざまな音に対する人の感覚を測定する聴感試験などに用いられる。無響室は読んで字のごとく響きがない部屋であり，すべての壁には吸音材でつくられた音響くさびや，多層の吸音材などが設置されていることが多い。このように反射音のない音場のことを**自由音場**と呼ぶ。音が反射されずに消えてしまうので測定対象から発せられた音が正確に測定でき，聴感試験の音が純粋に聞き手の耳元に届き正確な試験を行うことができる。無響室で声を出すと，声が小さく聞こえたり，楽器の演奏をすると物足りなく感じたりする。

壁面で音を完全に反射するように，かつ音の分布が室内で規則的にならないように作った室を**残響室**と呼ぶ。残響室は音源の音響パワーや材料の吸音率などの物理的特性を測定するために用いられる。

無響室（産業技術総合研究所）

残響室（小林理学研究所，魚眼レンズで撮影）

3） フラッタエコーがないか

4） 音の集中が生じているところがないか

5） 音の大きさの分布に偏りはないか

などである。コンサートホールなどの音響性能に対する要求が高い空間の設計では 1/10 ないし 1/20 の大きな縮尺模型による実験やコンピュータシミュレーションを用いて上記の項目を一つ一つ確認していく。さらに，模型内で測定した，あるいはコンピュータシミュレーションにより予測したインパルス応答を楽音や音声に畳み込み（9.4.2 項参照），バイノーラル再生技術（3.3 節参照）を用いて設計段階で音の響きを実際に聞いて確認することも行われている。このような技術を**可聴化技術**と呼ぶ（⬤6-B）。

6.3 騒　　　　　音

6.3.1 騒 音 と は

騒音とは人々の生活や社会にとって望ましくない音のことである。騒音は会話や仕事，音楽鑑賞を妨害したり，睡眠妨害など健康に悪影響を及ぼすことがある。（1.4.4 項参照）。騒音を聞いたときに受ける心理的な不快感を表す基本的な音の特性は，**ラウドネス**，**ノイジネス**，**アノイアンス**の 3 種類である。

ラウドネス（1.4.5 項〔1〕，2.3.1 項参照）は，音の感覚的な大きさを表す心理量であり，**音の大きさ**とも呼ばれる。音圧レベルと密接に関係しており，音の周波数スペクトルが変わらない限り音圧レベルが高いほどラウドネスは大きくなる。いい換えると，例えば，ステレオの音量つまみ（ボリューム）を上げるにつれて大きくなると感じられる量とも説明できる。また，音圧レベルが一定の場合には，1.4.5 項でも述べたように，ラウドネスは音の周波数スペクトルの影響を受ける。音圧レベルを保ちながら周波数帯域を広げてゆくと，臨界帯域（2.3.3 項参照）を超えたところからラウドネスが大きくなってゆくことが知られている。そこで音圧レベルや周波数スペクトルからラウドネスを推定する国際規格（**ISO 532**）があり，広く用いられている。ただし，こ

132　　6．暮らしの中の音

の推定値を単にラウドネスと呼び，心理量そのものであるかのように表現することがあるが，これは正しくない。ラウドネスは人間の判断する心理量であり，ISO 532 などによって算出した値はあくまで，その推定値であることに気をつける必要がある。

ラウドネスの他に，ある音の騒音としての程度を表すには**A 周波数重み付け特性**をもつフィルタを通して測定した音圧レベル，通称，**A 特性音圧レベル**が広く用いられている（6.3.3 項参照）。A 特性音圧レベルはまた**騒音レベル**とも呼ばれる（1.4.6 項参照）。A 特性音圧レベルは，きわめて単純なわりに，ラウドネスとある程度相関のある量が求まるからである。しかし，音の大きさを評価（推定）するには，騒音レベルよりもラウドネスを推定する国際規格（ISO 532）を用いたほうがはるかに正確である。

ラウドネスは，ある音が騒音か否かによらない音量感であり，聴取する音のやかましさそのものではない。これに対し，**ノイジネス**は，量的な要因のみならず，音質的な要因と時間変動要因を総合して，ある音の騒音としてのやかましさ感を表現する量である。例えば，レーシングカーの加速音のように，かん高くて衝撃的な音は，ラウドネスが同じ他の音（例えば普通の乗用車が発生する騒音をイメージしてみよう）よりもノイジネスが大きい（ノイジーである）といえる。そこで，これまでノイジネスの推定法がいくつか提案されている。その中でクライタのノイジネス推定法が比較的広く用いられているが，適用範囲や精度が十分とはいえず，まだ研究の余地が大きいと考えられる。

アノイアンスは，音の物理的な特性のみならず，音を聞く人の感情や，仕事中かくつろいでいるところかなどの条件によっても変化する，騒音に対する総合的な心理的不快感を表す量である。そのため，ある音に対する個々人のアノイアンスをよい精度で求めるのは困難である。そこで，ある騒音に対するアノイアンスの評価は，通常，コミュニティーの何パーセントが不快（アノイ）と感じるかなど，統計量として与えられたり，推定値を求めたりするのが通例である。

なお，ノイジネスとアノイアンスを表す日本語としては，それぞれ，**やかましさとうるささ**と訳されることが多い。しかし，これらの言葉の受け止め方は

地域差や個人差が大きく，安定した用語には至っていない。また，日本では，ノイジネスとアノイアンスを上述のように区別するのが一般的に受け入れられているが，世界的にみると，ノイジネスとアノイアンスをあまり明確には区別していないことが少なくないので，注意が必要である。

6.3.2 騒音の分類

住環境の騒音は，いくつかの発生源からの騒音が混在している。環境騒音を構成する発生源が特定できる騒音を**特定騒音**と呼び，その具体的な種別としては，機械騒音，空調機騒音，工場騒音，建設騒音，新幹線騒音，航空機騒音，道路交通騒音，床衝撃音などがある。

騒音は時間特性によっても分類され，次のような種別がある。

定常騒音：音圧レベルが一定の騒音

変動騒音：音圧レベルが不規則に変化する騒音

間欠騒音：1回の騒音が数秒程度の長さで，間欠的に発生する騒音

衝撃騒音：継続時間がきわめて短い騒音

さらに周波数帯域による分類がある。通常の騒音と区別して，20 Hz 以下の音を超低周波音，20 Hz～100 Hz の音を低周波音と呼ぶ。

6.3.3 騒音の測定

〔1〕 **騒音計（音圧レベル計）**　騒音がどのくらいの大きさかを物理的に測定する必要がある。このような場合に広く用いられる測定器が騒音計（**音圧レベル計，サウンドレベルメータ**ともいう）である。騒音計は JIS（日本工業規格）や IEC（international electrical commission）という国内外の標準に準拠して作られている。そのため，測定条件をきちんと設定すれば，だれでも正確に測定できるようになっている。**図 6.7** は騒音計の主な回路構成を示すブロック図である。

〔2〕 **周波数の重み付け特性**　ラウドネス（1.4.6 項参照）は音圧レベルや周波数によって異なるため，騒音計には測定の目的に応じて使い分けられる

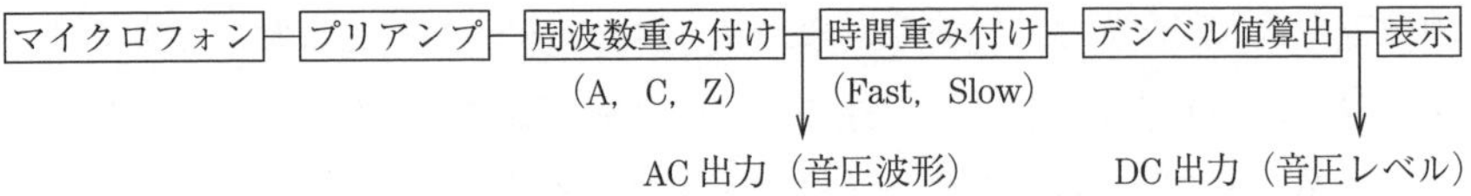

134　　6. 暮らしの中の音

| マイクロフォン | → | プリアンプ | → | 周波数重み付け
(A, C, Z) | → | 時間重み付け
(Fast, Slow) | → | デシベル値算出 | → | 表示 |

AC 出力（音圧波形）　　　　　　DC 出力（音圧レベル）

図 6.7　騒音計のブロック図（JIS C1509-1）

ように，周波重み付け特性を変化させる周波数補正回路が備わっている。周波数補正回路には何種類かあり，そのうち最も広く用いられるのが **A 特性** である。これを通して測定した音圧レベルが A 特性音圧レベル（**騒音レベル**）である（1.4.5 項参照）。騒音計にはこのほかに，C 特性と呼ばれる低音域と高音域がなだらかに減衰している特性および Z 特性と呼ばれる周波数重み付けを行わない平坦な特性が備えられている。

　なお，騒音計には通常，AC 出力端子，つまりマイクロフォンで観測した音圧変化を電圧に変換して増幅した信号を取り出す端子が備わっている。この出力は，録音や，オクターブバンド分析などのより詳細な分析を行う測定器に接続して用いることができる。

〔3〕　**時間重み付け特性 F および時間重み付け特性 S**　　人間のラウドネス知覚は，ある時間範囲の音に基づいて行われる（2.3.1 項参照）。騒音計にもそのような人間の感覚と合うような指示値とするための積分機能がある。この機能を**時間重み付け**（**時定数**）と呼ぶ。時間重み付け特性 fast（**F**）および時間重み付け特性 slow（**S**）の二つがよく用いられ，それぞれ 125 ms，1 s という時定数をもつ。時間重み付け特性 F は聴覚の時間応答を近似しており（図 2.9 参照），時間重み付け特性 S は単位時間あたりのエネルギー（パワー）を直接表示できるようにしたものである。

〔4〕　**等価音圧レベル**（**時間平均音圧レベル**）　　騒音の音圧レベルは一定ではない。自動車騒音を例にとると，車が向かってくるとき，通過するときではそれが異なる。トラックと乗用車でも異なる。ラッシュ時と休日でもだいぶ違う。このように時々変化する要因を平均化して求める音圧レベルを時間平均音圧レベル，あるいは等価音圧レベル（L_eq）と呼ぶ。周波数重み付け特性 A を用いて測定した音圧レベルの時間平均値については特に**等価騒音レベル**

($L_{\text{Aeq},T}$）と呼び，国内外の環境基準等世界的に広く公的基準値として用いられている。なお T は，10 分や 24 時間など平均する時間範囲を示す。**図 6.8** に等価音圧レベルの概念図を示す。注意しなければならないのは平均をとるときには dB 値の算術平均ではなくエネルギー（あるいは音圧の二乗値）の

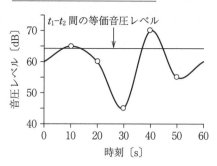

図 6.8 t_1 と t_2 間の等価音圧レベル

平均を用いることである。そのため，dB 値に変換する前の数値で平均することが必要になる。

　例をあげてみる。騒音を 50 秒間に 5 回測定し，例えば，65 dB，60 dB，45 dB，70 dB，55 dB であったとする。この時間平均音圧レベルを求めてみよう。例えば 60 dB 値を音圧の二乗値に戻すには式 (1.9) にあるように $L = 10 \log_{10}(p_2/p_0)^2$ の式で $L = 60$ とし，$(p_2/p_0)^2 = 10^{60/10}$ とすればよい。

　したがって，上記五つの測定値から時間平均音圧レベルを求めるには

$$L_{\text{eq}} = 10 \log_{10}\left\{\frac{(10^{65/10} + 10^{60/10} + 10^{45/10} + 10^{70/10} + 10^{55/10})}{5}\right\} = 64.6 \ [\text{dB}] \quad (6.4)$$

とすればよい。

　等価騒音レベルは，変動騒音に対する人間の生理・心理的反応と比較的よく対応することが多くの研究で明らかにされている。また，エネルギーに基づく評価値のため予測や評価がしやすい。そのため等価騒音レベルは騒音の大きさを表す値としてさまざまな騒音の評価値として用いられている。

　〔5〕 **音響暴露レベル**　　短い時間 T の間に，どれだけの音にさらされた（暴露された）かを表現したいときがある。これに用いられるのが，**音響暴露レベル**である。これは，時間 T の間に暴露された音のエネルギーの総量を 1 秒間あたりに暴露されたと考えたらどのくらいの量になるかを表したものである。特に A 特性で測定されたものを**騒音暴露レベル**（L_{AE}）と呼ぶ。等価騒音レベル $L_{\text{Aeq},T}$ は，時間 T の間の平均音圧レベルであるから，等価騒音レベル

から騒音暴露レベルを求めるには，等価騒音レベルをエネルギー換算した値に時間 T を掛け合わせ，これを基準時間 T_0（1秒）で除した後，対数を取ってレベルに戻せばよい．式で表すと以下のとおりである．

$$L_{AE} = 10 \log_{10} \left\{ \frac{T \cdot 10^{\frac{L_{Aeq}}{10}}}{T_0} \right\} \text{〔dB〕} \tag{6.5}$$

6.3.4 騒音のオクターブバンド分析

騒音の分析にはオクターブバンド分析と1/3オクターブバンド分析がよく用いられる．騒音などの評価基準には前者が用いられている．騒音の周波数成分を詳細に分析するときは後者が用いられる．オクターブバンド分析を行うために，マイクロフォンに入力した信号を各オクターブバンドに振り分けるフィルタを装備した計測器を用いる．

室内騒音の評価では，オクターブバンド分析の結果を用いた方法が多く用いられている．図 6.9 は，その一方法である **NC 曲線**と評価の一例を示したものである．図上にオクターブバンドごとに測定した音圧レベル値をプロットし（図中×印），全バンド値のうち最大値を評価値とする．図では NC = 33 となる．なお，実務的には5ステップで評価することが多く，この場合は5刻みで上回らない最小曲線の呼び値である NC = 35 を評価値とする．NC 曲線の他に N 曲線，NCB 曲線，NR 曲線などさまざまな曲線が提案されているが，使い方はおおよそ同じである．また，床衝撃音の評価に用いる L 曲線，遮

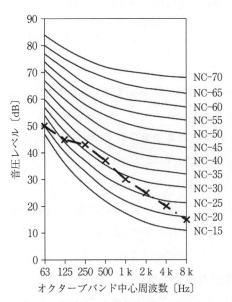

図 6.9　室内騒音評価のための NC 曲線

音性能の評価に用いる D 曲線などについてもオクターブバンドごとに測定した値により同様に評価値を求める。

なお，100 Hz 以下の低周波音が問題となっている場合や，騒音源探索など詳細な分析が必要な場合は 1/3 オクターブバンド分析ばかりではなく，さらに周波数分解能が高い周波数スペクトル分析が用いられることもある（◎6-E）。

6.4 騒音の伝搬と遮音

6.4.1 壁の遮音性能

室と室の間には壁がある。壁は空間を区切る役割をもつが，同時に音の領域を区切る役割，すなわち**遮音**も期待されている。コンサートホールとリハーサル室の間など目的や使用者が異なる室間には高い遮音性能をもつ壁の設置が求められる。壁の遮音性能は，壁に入射した音響エネルギーが入射した反対側の面から放射される割合である**透過率**τにより表される。実務的には，透過率をデシベルで表現した，式 (6.6) で表される**透過損失**を用いることが多い。

$$TL = 10 \log_{10} \left(\frac{1}{\tau} \right) \quad \text{(dB)} \tag{6.6}$$

壁により音圧レベルが TL〔dB〕低下する，とわかりやすく表現できるからである。例えば，500 Hz 帯域における厚さ 9 mm の石膏ボードの透過損失は 20 dB，厚さ 100 mm のコンクリートブロックの透過損失は 40 dB 程度である。

壁の遮音性能を考えるうえで，**質量則**と呼ばれる物理的法則が重要である。

無限大の均質で平らな板に垂直に平面波が入射する場合の透過損失 TL_0 は入射音の周波数 f〔Hz〕と面密度 m〔kg/m²〕を用いて，次式により表される。

$$TL_0 = 10 \log_{10}(f \cdot m)^2 - 43 \quad \text{(dB)} \tag{6.7}$$

この式から，周波数あるいは面密度が 2 倍になると透過損失は 6 dB 上昇することがわかる。例えば，壁を倍の厚さにすることは面密度が倍になるため 6 dB 遮音効果が高くなる。

音波が壁面に入射する方向は実際にはさまざまであり，この影響を考慮する

ために,透過損失を TL_m で表し,前式の TL_0 から5dB小さいレベル($TL_m = TL_0 - 5$〔dB〕)を用いる。-5dBは入射角度を0~78°と変化させたときの計算値であるが,この値のほうが0~90°とするよりも実際に近いことが知られている。

質量則は遮音を考えるうえで最も重要な要因である。しかし,**コインシデンス効果**と呼ばれる現象(8.8節参照)が生じる周波数では,質量則により期待される遮音性能が得られない場合もあるので注意が必要である。

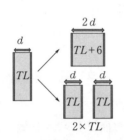

図6.10 2倍の厚さをもつ壁と二重壁の透過損失

遮音性能を向上させる方法として複層壁を用いる方法がある。透過損失 TL のある厚さの板が2枚あり,この板が一つの空間を二つに隙間なく区切っているものとする。この2枚が一体化すると壁の単位面積あたりの質量が2倍になり,先に述べたように $TL+6$ dB の透過損失となる(図6.10右上)。一方,2枚が離れて設置されていて,たがいに振動を伝えあうことがないとすると,$2 \times TL$〔dB〕と,通常,一体化した場合よりも大きな透過損失が得られる(図6.10右下)。このように同じ量の材料でも使い方により遮音性能が変化する(🔴6-F)。

6.4.2 隣室間の音の伝搬

図6.11のように二つの部屋の間に間仕切り壁(面積 F,透過損失 TL)がある状態を考える。壁の遮音を考えるときは壁面に音波が一様に入射し,どのタイミングで壁面のどの位置で観測しても同じ音圧レベルとなる状態を想定している。それでは,片方の部屋で音を出したときにどのくらい隣の部屋に

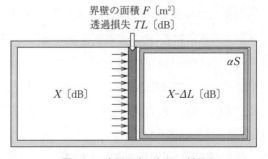

図6.11 室間の音の伝搬の様子

音が伝わるかを考えてみよう。壁により遮音される程度は音源室と受音室とで測定される平均的な音圧レベル差 ΔL を用いて次式で表すことができる。

$$\Delta L = TL + 10 \log_{10}\left(\frac{\alpha S}{F}\right) \quad \text{〔dB〕} \tag{6.8}$$

式の第2項は隣室の吸音力を間仕切り壁の面積で除したものである。間仕切り壁の透過損失が大きく，面積が小さい場合，隣室の吸音力が大きい場合に音圧レベル差が大きくなる，つまり音が隣室に伝わりにくくなることがわかる。

この他，ついたて（遮音壁）による遮音も行われる（⬗6-G）。

6.4.3 固体音の伝搬

空気中ではなく，固体中を伝わる音を**固体音**と呼ぶ。建物の中における固体音とは，何らかの加振源からの衝撃や振動が建物に入力され，建物の個体を伝わる音である。この固体音が，室内の壁や天井などから空気中に音を放射し，これが私たちには音として聞こえてくる。例えば，工場からの振動や自動車などの振動が地面から伝わる，屋上に設置された空調機などの設備が発する振動が伝わる，マンションなどで上階の住人が飛び跳ねたり物を落下させたりして床や壁を振動させる。それらの振動が音として伝わるのである。これらを総称して固体音と呼ぶ。コンサートホールや音響実験室などきわめて静穏な音環境が要求される室はゴムなどを用いた浮き構造とし建物の構造体に入った振動が室に伝わらないように工夫されている場合が多い。

固体音は振動源の加振力や建物の構造が複雑であることなどから予測が難しい。次項では日常生活でよく体験する床衝撃音について述べていく。

6.4.4 床 衝 撃 音

床衝撃音は二つに区別され取り扱われている。靴履き歩行など軽量で硬い衝撃が床に加わったときの衝撃に起因する音と，子供の飛び跳ねや走り回りなど重く柔らかい衝撃が床に加わったときの衝撃に起因する音の二つである。前者を**軽量床衝撃音**と呼び後者を**重量床衝撃音**と呼ぶ。軽量床衝撃音は床の表面仕

上げで大きく変化し，カーペット敷きの床は軽量床衝撃音が小さく，フローリング床は大きい。重量床衝撃音は建物の構造により変化する。コンクリート造と木造とでは大きく異なり，コンクリート造のほうが重量床衝撃音が小さい。

床衝撃音を評価するための測定方法は JIS A 1418「建築物の床衝撃音遮断性能の測定方法」に規定されている。軽量床衝撃音は**タッピングマシン**と呼ばれる鉄製のハンマーを5個もち5cmの高さから連続的に落下させる装置で測定する（図6.12）。また，重量床衝撃音は人の跳びはね音を想定した衝撃源であるハンドボール程度の大きさの専用のゴムボール（質量：約2.5 kg）を1mの高さから落下させて測定する（🎵6-H）。

図6.12 タッピングマシン

6.5 屋外における騒音

6.5.1 屋外における騒音の伝搬

野原で手をたたくところから本章は始まったが，手をたたく代わりに騒音源をおいてみることにする。もし，騒音源が十分小さく，点音源として表されるとすると，距離の2乗に反比例して音が小さくなる。これは球の表面積が距離の2乗に比例するからである。したがって，距離が倍になるごとに観測される音圧レベルが6 dBずつ減衰する（1.4.2項参照）。

また，騒音源が道路のように長い直線（線音源）だとすると，音は円筒状に広がる。円筒の表面積は距離に比例して増加するため，音の強さは距離に反比例して小さくなる。したがって，距離が倍になるごとに3 dBずつ減衰する。

また，音源からの距離が長くなると上記よりも大きな減衰が起きる。その原因には，空気中を伝搬する際の空気の吸収や地表面の影響による減衰や気温および風などの気象条件による音の伝搬特性への影響などが挙げられる。

6.5.2　屋外騒音の評価と規制基準

　屋内と同様に屋外でも，できるだけ静かで良好な音環境を維持することは重要である。また，屋外の環境を静寂に保つことは室内の生活空間の環境をより静寂にすることにつながる。騒音は会話妨害や睡眠妨害など社会生活を破壊したり，騒音性難聴をも引き起こしたりする。難聴は人生の質を著しく阻害し人々の生活活動を制限しかねない。だからといって極端な騒音対策を騒音源側に課すと今度は社会活動が制限されてしまう。そこで，社会的な合意に基づいた騒音の大きさとその測定方法を決めてきちんと評価する方法が重要であり，法的整備も行われている。

　外部騒音を評価する基準—環境基準（環境基本法　平成17年5月26日改正）において「騒音に係る環境上の条件について生活環境を保全し，人の健康の保護に資する上で維持されることが望ましい基準」と定められているとおり，騒音をある程度のレベルで抑えておく必要がある。

　例えば住居専用地域では生活時間帯の昼間（AM6：00—PM10：00）の全時間を通じた等価騒音レベルが55 dB以下，就寝時間の夜間は45 dB以下が保たれるようにしなければならない。また，事業により発生する新幹線騒音，航空機騒音，工場騒音などの騒音については，事業者がそれぞれ個別の規制値を守る必要がある。

6.6　よりよい音環境をめざして

6.6.1　静けさの確保

　交通騒音や大型機械から発生する騒音など，人間の利便性の追求により「静けさ」は失われてきた。静けさは平穏な暮らし，健康な暮らし，さらには文化的な暮らしを実現するうえできわめて重要である。

　静けさの確保には，まず騒音源から発生する音自体の低減が重要である。また，伝搬経路における遮音性の向上および反射音の低減によっても得られる。住宅を考えるならば，断熱性能，気密性能の高い壁は同時に外部騒音を遮断す

142   6. 暮らしの中の音

る性能が高い。また，すき間の少ない高性能サッシはすき間からの音漏れをふせぐ。低騒音型の家電機器を用いることにより室内騒音は低減される。床衝撃音遮断性能の高い床や遮音性能の高い間仕切り壁を用いることにより各室間の遮音性能が向上し，プライバシーが保たれる。コンサートホールでは音楽をより楽しむために低騒音環境が求められており，ドアや空調ダクトからの音漏れを極力減らすために防音二重扉や迷路型空調ダクトの使用などさまざまな工夫がされている。

都市域，鉄道駅などの公共空間や商業施設はまだまだ騒々しいため，これらにおける建築設備や大型車両などの騒音を発生する機械に対する騒音対策はより一層望まれる。最近では，**アクティブノイズコントロール**（能動騒音制御，**ANC**，コラム 3.2 参照）がダクトの消音，道路交通騒音の低減などにしばしば用いられ，静けさの確保のために用いられている。

ただし，アクティブノイズコントロールは空間的に広がる騒音への適用が困難であること，比較的低い周波数の音に対して限定的に効果があることなどから，壁や窓などの開口部におけるすき間の減少による高音域の遮音対策が合わせて重要となる。このように騒音発生と伝搬の双方の対策を効果的に組み合わせることで世の中がより静かになることが期待されている。

6.6.2 シグナルとしての「**騒音**」

これまでやかましいとされてきた音を役割をもった不快ではない音に変えていく工夫が行われている。例えば掃除機が放射する音は通常やかましく感じられる。技術の進歩により今では掃除機の音をかなり小さくすることができる。しかし，掃除機の音を小さくしすぎると掃除がきちんと行われていないように感じてしまう懸念もありうる。そこで，やかましくないように，掃除機から放射される騒音の音色を調節して，適度な音量で不快感を伴わずに聞こえるようにする。このように騒音の中でもやかましいと思う音の成分が発生しないように工夫をして動作時には動作をしているシグナルとしての騒音を発生させる，そんな発想で騒音対策が行われることもある。

6.6.3 子育て，教育と音空間

赤ちゃんは大声で泣く。部屋が響きすぎるとこの声がさらに大きくなり育児上のストレスになる。吸音処理を施すことによって響きを適度に抑えることで，このストレスを押さえることができる。

学校の教室は先生から生徒へ新しいことばや概念を教えるところである。したがって先生の声をよく聴き取れる環境が必要である。うるさいところや響くところでは，知らない単語やあまり聞いたことがないような単語はよく知っている単語よりも認識されにくい。したがって，きちんと先生や生徒どうしの声が聞こえるよう静かにするために騒音制御を行ったり，残響低減処理をしたりしなければならない。望ましい騒音レベルは 35 dB 程度，残響時間は通常の教室で 0.4 から 0.6 s 程度である。一方，吸音しすぎると先生の声が後ろのほうの生徒に届かなくなることがある。これは反射音による先生の声の増強効果がなくなるからである（6.2.5 項参照）。このバランスをとることにも建築音響の知識が役に立つ。

6.6.4 高齢者および障害者のための音環境

加齢により高音域の聴力が低下している高齢者をはじめとする難聴者のための音環境，および視覚障害者が代替手段として用いている音環境について考えてみよう。

人間は日常生活において取り巻く音環境を逐次分析し，平常であることを認識して安心したり，逆に危険が迫っていることを感じとったりしている。何もかも静かになりすぎると，このような自分がおかれている状態をモニタできなくなる。特に視覚障害者は音環境により多くの注意を払って生活しており，聴覚情報により視覚で得られない情報を得ている。したがって必要な音，低減すべき音をきちんと認識したうえで騒音制御を行うべきである。

重要な聴覚情報に音声情報がある。この音声情報の取得や会話などのコミュニケーションが成立することは室の重要な機能であり，建築音響や騒音制御の分野でも重要な課題である。先に述べたように，視覚障害者に対して必要な音

144　　6. 暮らしの中の音

情報を騒音に妨害されずにきちんと聞こえる形で提供するのみならず，難聴者が苦労しないで音声情報を聴き取れるような空間を創っていくために，必要な音と低減すべき音との区別は重要である。加齢による聴力損失は，小さい音が聞こえにくくなるだけではなく，聴覚の音に対する分析能力が低下する。したがって騒音の中や響いた音の中から聴こうとする音の特徴を見つけ出すことが難しくなっていく。音の特徴が見つけにくくなると言葉の聴き取りや信号音の方向がわかりにくくなるのである。また，言葉の聴き取りに苦労するようになると社会的活動への積極性が低下するという指摘もある。補聴器は信号処理技術の進歩により性能が向上しているが，聞き取ろうとする音に近い周波数帯域の騒音や室の響きといった妨害音も聞き取ろうとする音と同時に増幅してしまうので，生活環境における妨害音を極力減らす努力が必要である。

　このように音環境は日常生活に密接に関係し，人々は長い人生でさまざまな音環境と接している。ここで大切なのは，音環境が丁寧にコントロールされ，コミュニケーションが円滑にとれ，不自由を感じさせない状態にあることである。さらに高齢社会においては，高齢になっても音楽などの芸術を楽しめるような空間を創る技術を音響技術が提供していくことが求められる。そのためには，建築音響と騒音制御を総合した音響学，すなわち**社会音響学**とでも呼ぶべき新しい音響学の枠組みが必要である。

さらに勉強したい人のために

1) 日本音響学会編：改訂 環境騒音・建築音響の測定，コロナ社（2012）
2) 前川純一，阪上公博，森本政之：建築・環境音響学，共立出版（2000）
3) 日本音響学会編：建築音響，コロナ社（2019）
4) 日本音響学会編：騒音・振動，コロナ社（2020）

7　超　音　波

　携帯電話を使って話したり，電子メールのやりとりができるのは，電波を使っているからだ。テレビもラジオも，キャンパスやわが家の無線LANも電波を使っている。これらさまざまな電波の中から，どうやって必要な電波だけを選び出せるのだろう。じつは，これらの無線機器には，音や振動を使って電波の選り分けやアンテナの切り替えの役割をしている部品—表面弾性波フィルタ—が入っている。普通，音といえば聞くためのものなのだけれど，このように，聞くこと以外に役立っている音がある。これが超音波だ。

　この「超音波」という言葉には，超音波洗浄機や超音波診断装置，超音波モータなど，これまでにもときどき出会ったことがあるだろう。

　超音波と普通の音とは，どこが同じでどこが違うのだろう。また，このようにさまざまな応用分野があるのは，超音波にどんな特徴があるからなのだろう？

　超音波の多くは，聞こえないほど高い周波数の音である。聞こえないこと以外は，聞こえる音と同じ弾性波の一種である。「聞こえないけれども役に立つ」超音波。この章では，この超音波について，発生や検出をするデバイスや力を生み出すデバイスなど，さまざまな部品の仕組みと，超音波を応用したシステムについて，わかりやすく説明を行ってゆこう。

146   7. 超　　音　　波

7.1　超音波の特徴

7.1.1　超音波の定義

気体中，液体中，固体中を伝わる 20 kHz 以上の音や振動をまとめて**超音波**という。周波数が人間の聞くことができる範囲よりも高いことを除けば，人の耳に聞こえる音や機械の振動などと同じ**弾性波**という物理現象である。しかし，周波数が高いと波長が短くなるので，可聴音にはない性質や効果があり，計測から洗浄，加工などさまざまな応用がある。そのような用途では可聴域の振動や音波も利用されることがあるので，「聞くことを目的としない振動・音波」を超音波の定義とすることもある。そのため，例えば，海洋測定で使用される 100 Hz 程度の音も，超音波の仲間である。超音波は，このように低い周波数から，超音波顕微鏡や弾性表面波フィルタの GHz 領域まで，きわめて広い周波数範囲が用途に応じて使い分けられている。また，音とはいっても，応用上は，空気よりも液体や固体を媒質とする場合が圧倒的に多い。

7.1.2　縦波超音波と横波超音波

波動現象には音や振動のようにそれを伝える媒体（これを**媒質**という）がないと存在できないものと，電波や光といった電磁波のように媒質がなくとも伝わるものとがある。音や振動は空気や水，あるいは金属などを媒質とする弾性波という波動現象であり，音の一種である超音波も弾性波である。弾性波は媒質の慣性力と弾性力によって伝搬する。気体中や液体中では**図 7.1** のように媒質粒子の振動方向が伝搬方向と同じである**縦波**としてのみ存在する。流体中では圧縮や伸び変形は伝えるが，ずれ変形を伝えられないからである（8.9 節，図 8.28 参照）。一方，ずれ変形に関する弾性（ずれ弾性）も有する固体中では，縦波に加えて，**図 7.2** のように振動方向が伝搬方向と直交する**横波**も存在する。

超音波は，電波や光が伝わりにくい水中や金属中でよく伝搬するという性質

7.1 超音波の特徴

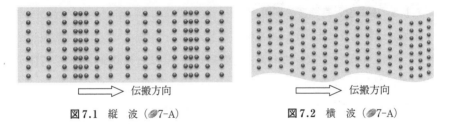

　　　図7.1　縦　波（🎧7-A）　　　　　図7.2　横　波（🎧7-A）

をもつ．これが，材料の傷の検出（探傷）や医用診断，魚群探知などに応用される根拠である．また，超音波の伝搬速度（音速）が，電磁波の伝搬速度の10万分の1程度であることも，このような応用に際して重要な意味をもっている．音速は気体中で数100 m/s，液体中で1 000～2 000 m/sであり，固体中では，例えば鉄やアルミニウムの場合で，縦波音速がおよそ5 000 m/s，横波音速が3 000 m/s程度である．このように伝搬速度が電磁波よりはるかに遅いため，反射波や透過波が到達するのに要する時間の測定が容易であり，このことを利用した距離や厚さの測定がやりやすい．

　また，流体と固体，あるいは固体と固体の境界面では縦波から横波が生じるなどの**モード変換**が起こる．境界のある有限な大きさの固体中では，縦波は単独では存在せず，横波と結合している場合が多い．図7.3に示すように，弾性体を押し縮めると横方向には膨れることになり，これによって縦波と横波が結合するのである．この，縦方向の変形に対する横方向の変形の割合を**ポアソン比**という．縦波と横波については8章で詳しく述べる．固体中の表面近くのみにエネルギーが集中した振動は特に**弾性表面波**（**SAW**：surface acoustic wave）といわれ，後述のように高周波フィルタや信号処理装置への応用がある．

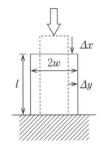

ポアソン比は横方向の変形の割合 $\Delta y/w$ と
縦方向の変形の割合 $\Delta x/l$ との比のこと．
金属では0.3程度，ゴムなどではもう少し大きいが，
どんな材料でも0.5を超えることはない．

　　　図7.3　ポアソン比

148   7. 超　音　波

7.1.3　直進性と高強度の利用

　超音波は電磁波に比べて伝搬速度が小さいので，高周波でなくとも短波長となり，回折が起こりにくいため直進性が高い。このことは計測の空間分解能が高いことを意味する。

　回折が小さいことはエネルギーの集中が容易であることにもなる。また，短波長であるので振動体の共振する長さが短くなる。**共振**とはある特定の周波数で振動が大きくなる現象である。このことは強力な超音波を発生させる小型の放射器が実現できることを意味する。超音波応用で使う高周波数では可聴音では考えられないような高強度の音場を作りだすことができる。

　音は圧力の変動（音圧）あるいは媒質の振動（その振れ幅を粒子変位という）としてとらえることができる。通常の可聴音では，音圧が大気圧に比べて小さいこと，粒子変位が微小なことから，媒質の伸び縮みと力が比例関係にある現象，すなわち線形現象として近似的に表現される。しかし，強力な音場では，音圧や粒子変位が大きくなるので，媒質の伸び縮みと力の関係が単純な比例では表せなくなり，線形領域を超えるようになる。そのため，このような粒子変位の大きい振動は，線形な運動方程式では表現しきれない非線形の世界である。非線形音場では，単一周波数の正弦波音からその整数倍の周波数を有する成分（高調波）が発生したり，複数の周波数の正弦波からその和や差の周波数をもつ音が発生する。また，強大な音圧や加速度によってさまざまな物理的・化学的効果も起こる。これらは，汚れを落とす洗浄，水と油を混ぜる乳化や攪拌，金属やセラミックスの加工や接合，化学反応促進など工業的に広く活用されている。

7.2　超音波の発生と検出

7.2.1　発生方法・超音波トランスデューサ

　電気エネルギーを超音波エネルギーに変換する，あるいは超音波信号を電気信号に変換する機構を**超音波トランスデューサ**という。多くのトランスデュー

7.2 超音波の発生と検出

サは可逆的で,超音波の送受両方に使われるものも多い。トランスデューサを単に**振動子**と呼ぶこともある。

　超音波の発生には,圧電現象がよく利用される。水晶などに歪みを与えると電圧が発生する。逆に電圧を加えると変形する。これが**圧電効果**と**逆圧電効果**である(**ピエゾ効果**ともいう)。**図7.4**では,直方体の圧電素子の上面と下面に電極をつけ,ここの間に電圧を加えた様子を示している。圧電素子には**分極**という極性があり,これと加えた電界の方向との関係により異なった変形をおこす。図中では分極を矢印で示している。左図のように,電界と分極が同じ方向だと伸び変形が生じる。この際に横方向にも変形が生じている。一方,右図に示すように,電界と分極が直交する場合には,**ずれ変形**が発生する。以上のような性質をもった材料に交流電圧を加えれば,その周波数の超音波振動を起こすことができる。超音波トランスデューサには,水晶やニオブ酸リチウムなどの結晶,チタン酸バリウムやチタン酸ジルコン酸鉛(PZT)などの圧電セラミックス,ポリフッ化ビニリデン(PVDF)などの圧電高分子材料が使われている。

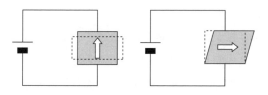

白矢印は分極方向。左が伸び歪み,右がずれ歪みを発生する構成。
図7.4 圧電素子の歪みの発生

　圧電素子の発生する変位量は小さく,大きな圧電効果を示す材料でも100 Vの印加電圧に対して100 nmよりも小さい。そこで超音波の発生には圧電体の形状と寸法で決まる機械的な共振現象を利用して,大きな振動振幅を実現することが多い。**図7.5**のように圧電素子の分極方向,交流電界の印加方向,素子形状によって利用可能な振動の仕方,したがって共振の仕方が異なる。なお,この振動の仕方,いい換えれば振動の形のことを**振動モード**と呼んでいる。また,振動を起こすことを「励振する」ということがある。図(a)は圧電素子の厚さが縦波の半波長として共振するようになっており,厚さ方向に縦振動する。このような振動を**厚み振動**という。100 kHzから100 MHzまでの周波数の高い超音波の発生に利用される。薄膜化してGHzオーダーまで高周波化し

150　7. 超　音　波

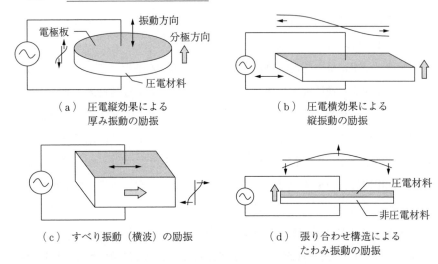

図7.5　さまざまな圧電振動子とその振動モード（*7-B）

た **FBAR**（film bulk wave resonator）が高周波フィルタ用などに開発され，携帯電話や無線 LAN をはじめとする通信機器に用いられている。一方，図（b）のように分極の方向と電界の方向の関係は同じでも，印加電圧の周波数が低ければ圧電素子の寸法の長い方向の共振が生じる。図では矩形板の長辺が半波長となって共振しており，長辺方向に振動している。図（a）を圧電縦効果，図（b）を圧電横効果という。これらの振動が基本共振周波数の整数倍の周波数でも起こることは共振の性質からも理解できる（8.10節参照）。そのような振動を高次モードあるいはオーバートーンという。図7.5（c）は図7.4の右図に対応するもので，厚さが横波の半波長になっており，横波を発生するのに利用される。図7.5（d）は圧電体に圧電効果をもたない金属板などをはり合わせたもので，電圧を加えると圧電体だけが伸びようとするため全体が反るように変形する。これは，たわみ振動を起こすために使われる。アラーム音などによく使われる圧電ブザーはこの構造である。

　このように，起こしたい振動によって形状や分極方向を適切に選択する必要がある。また，同じ圧電素子であってもさまざまな振動モードとそれに対応した共振周波数をもっているので，駆動周波数によって発生する振動が異なる。

例えば図7.5の右上では長辺方向の振動の高次モードの他に短辺方向（幅方向）の振動とその高次モードも発生する。もっと高周波では厚み振動も発生する。しかし，電極構造などによって，効率よく励振できるモードとそうでないものがある。例えば，図7.5（a）（b）に示すような一様な電極をもっている場合は基本共振周波数の奇数倍の振動しか起こすことができず，偶数次のモードが励振されないことはその例である。

限られた大きさの圧電素子を低周波で用いるために，圧電効果をもたない材料である金属ブロックで圧電材料をはさみ込んだ振動子（**ランジュバン型振動子**）がある。さらに，図7.6のようにブロックを貫通ボルトで締め付けることで，引っ張り強度が低い圧電素子に予圧を与えて，破壊限界を高めたボルト締め振動子が強力超音波用途で利用されている。

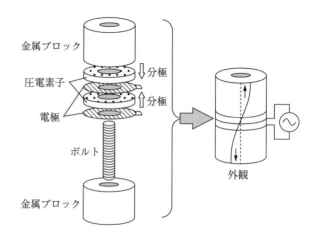

図 7.6 ボルト締めランジュバン振動子（🎧7-B）

一方，弾性表面波の発生のためには**図7.7**のような**くさび形トランスデューサ**が用いられる。くさびの端面につけた圧電素子で縦波を送信し，くさびの角度によって弾性表面波に変換する。この角度はくさび中の縦波の波長と基板の表面波の波長が一致するように決定し，弾性表面波を使った非破壊検査などに利用される。高周波フィルタ素子には圧電基板上に**図7.8**のような**交差指電極**（**IDT**：inter-digital transducer）をつけたものが使われる。これは**くし型電極**とも呼ばれ，LSIの製造に用いられているリソグラフィ技術により大量生産が可能である。

152   7. 超 音 波

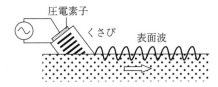

図7.7 くさび型トランスデューサによる
      弾性表面波の発生

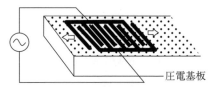

図7.8 交差指電極による
      弾性表面波の発生

　磁界によって鉄芯に歪みが発生する磁気歪み効果を用いた**磁歪振動子**が，かつては強力な超音波の発生に使われていたが，今ではその多くは効率の高い**圧電振動子**にとってかわられている．一方，**図7.9**のように非接触で導電性の固体中に超音波の送受が可能な電磁型トランスデューサ（**EMAT**：electromagnetic acoustic transducer）がある．振動を励振したい表面近傍に配置した導線にインパルス電流を流すと，それによって生じる磁界を打ち消すような電流が固体中に誘起される．このときの反発力によって固体中に弾性波動が励振される．磁界の印加方向，導

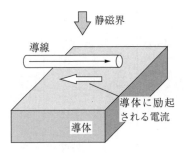

図7.9 電磁型トランスデューサ
      （EMAT）の原理

線の配置方法によりさまざまな振動を励振あるいは受波することができ，非接触の非破壊検査が可能な方式として利用されている．この他の非接触な非破壊検査方法としては，強度変調した光やパルス光を物体に照射し，温度変化に伴う膨張収縮によって超音波を発生する方法もある．これを**光音響効果**という．二つの光束の干渉じまによって弾性表面波を発生する方法も考案されている．なお，笛や，放電スパークも超音波音源として用いられることがある．

　最近では半導体製造の方法を用いて微細な機械を作るマイクロマシン技術（別名**MEMS**）を使った超音波振動子も医用応用を中心に開発が進められている（3.1節参照）．シリコンの微小な振動板を静電力により駆動して超音波を送波し，逆に，到来した超音波を受波した振動板の振動をコンデンサマイクロフォンと同じ原理によって検出する．これらは，多素子2次元アレイや，電子

回路と一体化された高機能なトランスデューサとして製作することが可能であり，さまざまな応用が期待される．

7.2.2 検　出　方　法

一般に，超音波の検出には，圧電材料を用いたトランスデューサが用いられる．一つのトランスデューサが受波だけではなく送受兼用として用いられることも少なくない．圧電素子は半波長の厚さの厚み振動モードを用いることが多いため，10 MHz 以上の高周波数で動作するものは 100 μm 以下の厚さになる．圧電高分子材料は薄膜状のものの製作が可能で，高周波超音波用や広帯域プローブとして有用である．

このような高周波トランスデューサでは，**図 7.10** のように振動子と周囲媒質との音響的な整合をよくするための層を設けることが多い．これは光学レンズの反射防止膜（コーティング）と似たものである．一方，振動子の背部にも超音波が振動子内で多重反射を起こさないための一種の終端層を設ける．これをバッキングと呼び，短いパルスを送受波するのに必要な構造である．

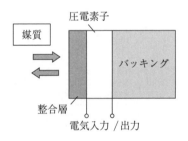

図 7.10　探傷用・診断装置用超音波トランスデューサの構造

音圧や振動の測定に光が使われることがある．音圧によって媒質の光の屈折率が空間的に周期変調されるので，光の屈折や回折が引き起こされる．これによって超音波音場の可視化を行う**シュリーレン法**がある．また，透明な固体媒質では光の複屈折を利用して振動を可視化する方法もある．また，レーザ光の**ドップラ効果**による振動速度計は，振動子の振動分布の測定に欠かせない測定器となっており，低い周波数から高い周波数まで広く用いられている．音圧による光ファイバの光路長変調を光学的に検出する**光ファイバハイドロフォン**は水中音響用に利用されている．光ファイバをコイル状として光路を長くし，光干渉で検出することによりきわめて感度の高い超音波センサとなる．

7.3 超音波の計測応用

ここでは,超音波を計測に応用することについて,使用周波数ごとに述べよう。**図 7.11** に周波数による利用方法を分類した。また,計測の分解能は波長によって決まるので周波数と波長の関係を**図 7.12** に示した。

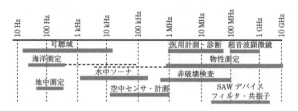

図 7.11 周波数とさまざまな計測応用

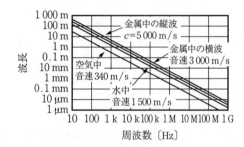

図 7.12 超音波の波長と周波数

〔1〕 **100 Hz 帯:海洋遠距離計測(海洋音響トモグラフィ),地中探査**
100 Hz オーダーの低周波音の海中での減衰はきわめて小さい。海中では,深度 1 000 m 程度のところに**音響チャネル**と呼ばれる音の「通り道」(導波路)が形成されている。

この周波数帯は水を含んだ地中の探査に利用されることもある。

〔2〕 **1 kHz~100 kHz:ソーナ,水中通信** ソーナ(SONAR:sound navigation and ranging)や魚群探知器には数 kHz~数 100 kHz の超音波が使われている。SONAR は水中版レーダーである。水中では電波の減衰が大きいため,超音波が有用である。魚群探知では,探知する魚の種類,距離などによってそ

れぞれ適した周波数が選択される。パルス音波を送信し，目標物からの反射波を受信してその時間遅れから目標物までの距離を計算する。

海中では，数 10 kHz の超音波を搬送波とした音波通信がダイバー用などに利用される。また，潜水艇からの画像伝送にも超音波が用いられることがある。搬送波の周波数が低く伝送容量が少ないので動画の利用には工夫が必要である。また，伝搬速度が小さいので遅れが無視できないことがある。

〔3〕 **10 kHz～1 MHz：空中超音波センサ** 超音波を空中に放射して，反射波から障害物の有無を検知するセンサが自動車の近傍センサなどに利用さ

コラム 7.1 海中の音波伝搬「音響チャネル」

水中の音の伝搬速度（音速）は約 1 500 m/s である。海で水深が深くなると太陽光が届かなくなるので水温が低下する。水温の低下に応じて音速も低下する。さらに深度が深くなると水圧の影響により音速が再び大きくなる。そのため水深 1 000 m 程度で音速が最も小さくなる図のような凹形の音速分布になることがある。このとき，この水深 1 000 m 付近から出た音は水面に向かった場合には音速分布により音源のあった水深のところにもどってくる。海底に向かった音ももどってくる。このようにこの水深のところに閉じ込められて音が広がらないので弱まらずに遠方まで伝搬する。これが**音響チャネル**である。これは光ファイバが屈折率分布によって光を閉じ込めて遠くまで光を伝えるのに似ている。光ファイバの開発ではガラスの不純物を減じて吸収減衰を極限まで減らし 1 km 当り 0.2 dB 以下という低損失を実現している。これは 1 km 先で光強度が 5％しか低下しないということであるが，海水中の 100 Hz 程度の低周波の音ではこれよりも減衰率が低いので，海底光ケーブル顔負けの長距離伝搬が観測できる。逆に，この伝搬データから海中の音速分布，ひいては水温分布や塩分濃度分布などを地球規模で推測しようというのが海洋音響トモグラフィ技術であり，地球環境のモニタなどに期待される。

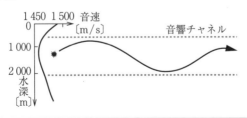

れている。ロボット用センサ，工場でのセンサなどにも多く使われる。空中超音波センサとしては図7.13に示す40 kHzのものが最も多数生産されてきた。圧電たわみ素子にコーン状の薄いアルミニウム振動板をつけたスピーカに似た構造が利用される。100 kHz以上の空中トランスデューサでは図7.10と同様に厚み振動圧電素子と整合層による構造が用いられる。空気中では高周波になると減衰が急速に増大する。使用できる距離は40 kHzでは10 m程度，100 kHzでは1 m程度までである（⬛7-C）。

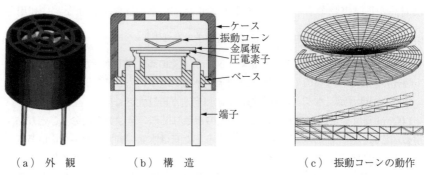

（a）外観　　　（b）構造　　　　　（c）振動コーンの動作

図7.13　市販されている空中超音波トランスデューサ（(株)村田製作所提供）

また，音波は媒質の動きによって，伝搬速度が変化したりドップラ効果を受けたりするので，その性質を利用して超音波を用いた気体や液体の流速測定，風速測定が実用化されている。例えば，**図7.14**のように管内の流れ方向に対して超音波の伝搬方向が角度 θ となるようにトランスデューサ Tr1, Tr2 を距離 L で設置する。上流にある Tr1 から発した超音波が下流の Tr2 に届くのにかかる時間と Tr2 から Tr1 に伝搬するのにかかる時間を測定しておけば，超音波の伝搬速度 c には依存せずに，距離 L と角度 θ から流れ速度 V が求まる。このような測定系を用いることにより，管の径方向に流れ分布があってもその積分値すなわち全流量を反映した計測値が得られる。

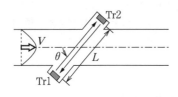

図7.14　流量計測

〔4〕　**1 MHz～100 MHz：固体中での計測応用，探傷**　　構造物中にパルス

超音波を送波すると,傷や欠陥の存在によって反射波が生じるので,探傷用として広く用いられる。この目的には,1〜10 MHz 程度の超音波がおもに用いられ,反射パルスの受信時間と音速から傷や欠陥の位置を推定する。例えば鉄に 2.5 MHz の縦波超音波を伝えた場合の波長は 2 mm なのでミリメートルの大きさの傷などがわかる。他の方法では見つかりにくい閉じた亀裂も,疎密波である超音波を用いれば,波動の一周期中の疎の瞬間と密の瞬間で亀裂の応答が異なるために波形が歪み,1/2 の周波数の波や高調波が生じることから検出できることがある。探傷用としては,縦波のみではなく,横波やたわみ波,表面波を使用する場合もある。その他,透過率の周波数特性や減衰から媒質の物性を調べる**超音波スペクトロスコピー**という技術分野がある。

〔5〕 **1 MHz〜10 MHz:医用診断応用** 医用診断では,胎児の検診をはじめとして超音波が広く利用されている。1 MHz から 10 MHz 程度の超音波パルスを送波して,受波パルスの信号処理により映像化する。**図 7.15**（a）のように,横軸を時間（位置）として受波した反射波の振幅を表示する方法や,図（b）のように反射波の強さを輝度で表し,超音波の送波方向を変えて測定したものを並べて表示する方法などがあり,それぞれ **A モード**,**B モード** と呼ばれている。測定の位置の切り替えは,図のようにトランスデューサを並べたアレイにより高速に行われる。また,アレイの各素子間に位相差をつけて送波を行うことにより超音波パルスの送波方向を電子的に走査する**フェーズドアレイ**方式（●8-C）も行われる。音波は音響インピーダンスの異なった境界で反射するので,これらの装置では音

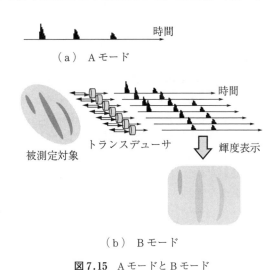

(a) A モード

(b) B モード

図 7.15 A モードと B モード

響インピーダンスの差を可視化していると考えられる。

また，超音波のドップラ効果によって，血流の様子を速度に応じた色表示で映像化する超音波カラードップラ装置も重要な診断法となっている。超音波による診断は，X線を用いた場合の放射線被曝(ひばく)のような問題がほとんどないため，短期間に繰り返し利用可能である，リアルタイム画像が得られるなどの利点を有している。超音波強度の安全基準は音圧値と温度上昇が一定値以下になるように決められており，診断装置はこの基準を満たすよう注意して製作されている（◯7-D）。

コラム7.2　ドップラ効果

音源が動くか観測者が動いた場合，あるいはその両方の場合，観測者には，音源が出している音と周波数がずれた音が聞こえる。これを**ドップラ効果**と呼んでいる。右図のように音源に観測者が向かって行くと，静止して聞くよりも1秒間に観測者の耳に入る波の数が増える。したがって周波数が高く聞こえる。また，逆に音源から観測者が遠ざかれば1秒間に耳に入る波の数は減るので周波数は低く聞こえる。また，左図のように音源が移動する場合を考えると，音源が自ら出した音波を追いかけながら音を出すことになるので，音源の前方では波の間隔が詰まってくる。したがって静止した観測者は音源が本来出している音の周波数よりも高い周波数の音を聞くことになる。音源の後ろではこの逆に波の間隔が広がるので観測者は低い周波数の音を聴くことになる。

カラードップラと呼ばれる診断装置では，このドップラ効果を用いて高度な計測を実現している。血液中の血球からのわずかな反射波をとらえ，そのドップラ効果による周波数ずれから血流の速度を計測し，流れ方向に応じて赤や青で表示するのである。これにより，どこにどのような血流が生じているのかが動画として観察できる。

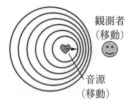

音源が移動して観測者が固定の場合

音源が固定で観測者が移動する場合

〔6〕 **100 MHz〜1 GHz：超音波顕微鏡，物性測定**　100 MHz 以上の高周波では，波長が 10 μm 前後になるため，光学顕微鏡に近い分解能が得られる。**超音波顕微鏡**はこのような周波数を用いたもので，光学顕微鏡では知ることができない弾性率などの情報を含んだ測定を高い空間分解能で行うことができる。さらに，**図 7.16** のように弾性表面波の伝搬を利用すれば，伝搬方向を特定して，半導体基板などの異方性材料の特性を詳細に調べることも可能である。

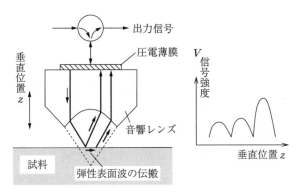

試料表面からの直接反射波といったん表面を伝わってから再放射される音波の干渉を測定した結果（V-z 曲線：右図）から弾性表面波速度を推定する。

図 7.16　超音波顕微鏡と V-z 曲線の測定

光音響効果による**光音響顕微鏡**は，固体試料以外に気体の物性測定などにも利用される。パルス光を試料に照射することで，その光吸収による温度変化で生じる音波を検出する測定法である。また，入射光によって発生した音響波によって光が散乱される，**ブリルアン散乱**と呼ばれる現象において，散乱光の周波数がシフトすることから，この周波数シフト量を用いて音響波の伝搬速度が推定できる。この方法は，材料評価や光ファイバセンサに利用されている。通信用光ファイバでは，ブリルアン散乱光の周波数は入射光に対して約 11 GHz シフトしており，光ファイバに引っ張り歪みを加えるとこの周波数シフト量が変化する。パルス光を利用して反射波の時間分解を行うことで，光ファイバのどこにどれだけ歪みが加わっているのかを知ることができる。

7.4 超音波のパワー応用

7.4.1 超音波キャビテーション

液体中では1気圧を超えるような高音圧の発生が容易である。音圧が1気圧を超えると，超音波の一周期中の疎の瞬間には圧力が非常に低い状態になるので，空洞（**キャビテーション気泡**）が生じる。この空洞は，再び密になる瞬間の圧力により壊れる。この際に生じる圧力は1 000気圧にも達するといわれており，さまざまな力学的・化学的作用を引き起こす。キャビテーション気泡の挙動は複雑であるが，かなり精密に解明されつつある（●7-E）。

40～100 kHzの超音波は，キャビテーションに汚れを落とす作用があることを利用し，精密機械部品，医療器具などの洗浄に使われている。なお，半導体基板の洗浄などには，1 MHz程度の高周波超音波が利用されている[†]。キャビテーションは化学反応に影響を与えるので，化学工業の分野で有効に利用されており，**音響化学**（**ソノケミストリー**）といわれる分野を形成している。

7.4.2 音響放射力と音響流

障害物で音波が遮られた場合や図7.17のように異なる物体の境界面では，境界面前後のエネルギー密度の変化に相応する直流的な力が発生する。これを**音響放射力**と呼び，強い超音波では十分観測可能な大きさとなる。例えば，空気中で1 Wの平面波が完全反射する場合の音響放射力は6 mNである。一方，二つの媒質の境界面を超音波が透過する場合には，二つの媒質の音響インピーダンスと音速によっ

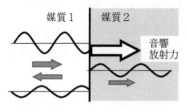

図7.17 境界面に発生する音の放射力

[†] キャビテーションによる機械的ダメージを避けるために，キャビテーションの生じにくい1 MHz程度の高周波を使う。この周波数では加速度がきわめて大きくなるので，キャビテーションに代わりこの加速度によって汚れを振り落とす。

ては，境界面に働く力は正にも負にもなる．例えば，水から油に超音波が透過する場合には負の力，すなわち引っ張り力が発生するので，境界面が超音波の入射方向にへこむ．

　この放射力を利用して小さな物体を空中に浮かせたり，非接触で操作するなどの応用がある．空中で振動板と反射板の間に発生させた定在波の音圧の節に発泡スチロールの小球が浮かんでいるようすを**図 7.18** に示す．これより，定在波の音圧の腹から節に向かって力が働いていることがわかる．また，振動面からの放射力により，そのすぐ上に平板が浮いているものを**図 7.19** に示す．浮揚距離は数 10～数 100 μm と小さいが，振動面の振動振幅はこれよりも小さく，間違いなく非接触で浮揚しているのである．計算上は，はがき大の面積で数 100 N の力を支えることができる（◉7-F）．

図 7.18　定在波の節に浮く発泡スチロール球

図 7.19　振動面の直上に浮く平板

　強い音波では，非線形効果による媒質の流れが観測できる．これを**音響流**（acoustic streaming）という．音波は媒質粒子の微小な振動であることから，その平衡の位置は動かないと仮定して考えることが多い．しかし，強い音波の場合には非線形の効果が顕著になるため，平衡の位置はもはや不動ではなくなり，粒子振動速度よりもずっと小さい流速で音波の強さの傾き方向に媒質が流れるのである．例えば，**図 7.20** のように平面波音波が距離減衰しながら伝搬するときには，音波の伝搬方向に音響流が生じる．このとき減衰がないと音響流は生じない．これは減衰により

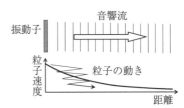

図 7.20　減衰する平面波で生じる音響流

162　7. 超　音　波

エネルギー密度が変化するためにその変化分に相当する音響放射力により流れ
が発生すると考えることもできるが，次のように粒子の運動に着目した説明も
できる。すなわち，媒質粒子は縦波のために伝搬方向に振動するが，振幅が大
きいと，振動の一周期のうち図で伝搬方向に振れた際に，その場所での振幅は
減衰により元の場所より低下しているので，音源方向に戻る振幅は小さくな
る。したがって，媒質粒子は元の場所には戻れない。これを繰り返して，平均
的な粒子の位置はだんだん伝搬方向へ移動してゆく（●7-F）。そもそも音波
の波動方程式（8章参照）は，振幅を無限小と近似した線形の方程式である。
そのような線形な波動方程式からはこのような媒質の一方向の運動は生まれな
い。音響流は，媒質の移動を考えた非線形方程式である流体方程式によって得
られる現象なのである。

7.4.3　非線形現象とパラメトリックスピーカ

前項で音波の現象を記述する方程式が本来は非線形であることを述べたが，
媒質の弾性的性質にも非線形性がある。この媒質の性質が無視できない場合，
音圧波形は歪みを生じる。例えば，音圧が正の瞬間には媒質が圧縮されて硬く
なるため音速が大きくなり，音圧が負の瞬間には反対に音速が小さくなる。そ
のため，**図7.21**のように，音波が伝搬するに従い波頭は先に進み，谷は遅れ
ることになる。その結果，この図に示すように，もともとの音圧波形は正弦波
であっても，だんだんとアルファベットのNに似た波形になる。このような
歪んだ波形には，元の正弦波の周波数の2倍，3倍などの高調波が含まれてい
る。また，二つの周波数の異なった音波を出した場合には，その和周波数と差
周波数が生じる。最近の超音波診断装置では2次高調波を使って画像を構成す
るハーモニックイメージングが行われることがある。また，非線形の特に大き
いものとして気泡の振動があることから，小さなカプセルを造影剤として体内
に導き，その非線形性により発生した高調波を可視化に用いる方法がある。

超音波の非線形現象を巧みに利用したものに**パラメトリックスピーカ**があ
る。可聴音では波長が長いために通常の大きさのスピーカでは鋭い指向性は得

7.4 超音波のパワー応用　　163

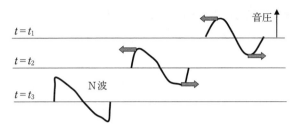

図 7.21　非線形によって発生する N 波

られない（8.8節参照）。一方，可聴音を乗せた超音波を用いると，スポットライトのように所望の場所に音を集中することができる。これをパラメトリックスピーカと呼ぶ。**図 7.22** のように，送りたい可聴音に応じて振幅を変化させた超音波（振幅変調超音波）を鋭いビーム状に放射すると，伝搬過程で非線形効果によって可聴音が再生される。これにより超音波の伝搬速度による位相差を伴って直線状に連続した多数の可聴音源が生じることになる。そのため，可聴音でありながらきわめて鋭い指向性が得られるのである。このような位相差による指向性発生原理は，テレビアンテナとして用いられている八木宇田アンテナ（八木アンテナ）と同じで，**エンドファイアアレイ**と呼ばれるものと等価と考えられる。

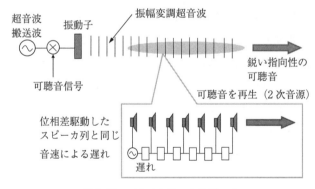

図 7.22　パラメトリックスピーカ

7.4.4　大きな振動加速度と振動応力の効果

超音波領域の振動は，振動振幅はたかだか数 10 µm 以下と小さいが，周波

164   7. 超 音 波

数が高いために，振動加速度や振動による発生力は非常に大きくなる。このことは，切削加工，研磨，塑性加工をはじめプラスチック接合や集積回路の引き出し線の接続などに利用されている。切削工具に超音波振動を加えることで，切削抵抗が減り，良質な仕上げ，加工時間の短縮などの効果が得られる。また，他の方法では困難なセラミックスなど，もろい材料の加工が可能となる。金属線の引き抜き加工による製造や金属板の曲げ加工でも工具に超音波振動を与えることで加工の質や速度が向上することが知られている。プラスチックどうしの接合への応用で身近なところでは，食品包装用容器の接合用としてスーパーマーケットなどで利用されている**超音波ホッチキス**がある。接合部での超音波振動の損失による温度上昇で溶着するとする考え方もあるが，プラスチックの溶ける温度まで温度上昇していないという報告もあり，超音波振動によってプラスチックの分子鎖どうしがからみ合って接合されるとも考えられている。一方で，超音波振動は**超音波メス**，歯科の歯垢除去や**衝撃波結石破砕術**などとして医用的な応用も行われている。骨折の回復を早めるために超音波照射を行うこともある。また，強力な超音波を集束してガンなどを治療する**HIFU**（high intensity focused ultrasound）の応用範囲が広げられつつある。さらに，超音波によって薬剤を体内の特定の部位に運び，患部に到達した薬剤をねらって超音波を照射することにより，患部のみで薬剤を働かせるドラッグデリバリー技術の研究開発も盛んである。

　超音波振動の加速度によって液体を霧化する**超音波霧化**では，発生する霧の粒径は周波数によって決まり，周波数が高くなるほど粒径は小さくなる。MHz帯を用いると水の場合で粒径は数 μm となる。薬剤の吸入用や加湿器などの応用がある。強力な超音波振動には，この他にも，水と油の混合や材料の分散などさまざまな工業的応用がある（⬤7-G）。

7.5 超音波応用デバイス

7.5.1 高周波フィルタ，弾性表面波フィルタ

　超音波振動を利用した発振素子やフィルタは古くから電子回路に利用されている。圧電振動子の電気インピーダンスが特定の周波数で極大や極小を示すことを利用したもので，いくつかの振動子の組み合わせで所望のフィルタ特性を得る。振動子の機械振動の共振はコンデンサ（キャパシタ）とコイル（インダクタ）による電気的な共振よりもQ値が高いため急峻な特性のフィルタが実現できる。Q値は共振の鋭さを示す指標で，物理的には振動の1周期の間に失われるエネルギーの割合の逆数に対応する。すなわちQ値が大きい機械振動は損失が小さいのである。

　弾性表面波フィルタ（**SAWフィルタ**）は，図7.8で示した交差指電極（IDT）を送波（入力）と受波（出力）に用いており，その構造によってフィルタの周波数特性が決定される。テレビの中間周波フィルタに始まって，今日では携帯電話などの移動体通信機器に広く利用されている。**図7.23**のように入力側IDTから出た弾性表面波が出力側のIDTで受信される際に，IDTの各電極ペア間ではその位置に応じた受波の遅れが生じる。また，電極の長さを変えて各電極ペアの感度を変化させている。この感度の重みづけをアポダイズという。この構造は図7.23下のブロック図にあるように重みづけした遅延和をとることを意味しており，重みの付け方によってフィルタ特性を設計できる（9.5節参照）。このようにSAWフィルタは電極のパターンを変化させることによってさまざまなフィルタ特性を

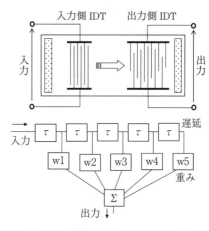

図7.23 弾性表面波フィルタの原理

実現できるが，電極間隔は半波長である必要がある．そのため，GHz オーダーの高周波では微細なパターンとなって加工が難しくなり，同じ周波数でも波長が長くなる音速の大きい基板材料が求められる．

また，弾性表面波はエネルギーが基板表面に集中するため非線形現象が生じやすい．この性質を利用すると，掛け算器や，たたみ込み演算を行う電子素子（コンボルバ）を実現することができる．光との相互作用も起こるので，基板上に光導波路を形成して光変調器，光スイッチなども実現されている．一方，弾性表面波の伝搬する基板表面の境界条件によって伝搬速度や減衰などが影響を受けるため，さまざまな液体やガスなどセンサ素子への応用開発も盛んである．このように，弾性表面波はフィルタ以外へも応用が広がっている．

7.5.2 振動ジャイロ，センサ技術

振動ジャイロは，図 7.24 のように圧電振動体をたわみ振動させておいて，コリオリ力によって生じる直交する方向の振動を検出して回転速度を測定するセンサ素子である．これは，フーコーの振り子が地球の自転に応じてその振動面を回転させるのと同じ原理であり，超音波振動するミニチュアのフーコー振り子であるといえる．カーナビゲーションの回転センサやカメラの手振れ検出用として実用化されており，そこでは，マイクロマシン技術

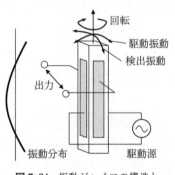

図 7.24 振動ジャイロの構造と動作原理

（MEMS）で作製した音さ型振動子などが使われている（●7-H）．

7.5.3 圧電トランス

圧電トランスは，図 7.25 のように圧電素子に互いに異なる 2 対の電極を取り付け，入力電力をいったん機械振動に変換して，それを再び電気エネルギーに変換することで，電圧の昇圧や降圧を行う．図に示すものはローゼン型と呼

ばれ，左側の電極に圧電素子の共振周
波数の交流電圧を加えて縦振動を励振
し，右側の電極から出力を取り出して
いる。入力側と出力側とで分極方向と
振動方向の関係が違うために作用する

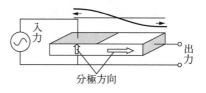

図7.25 ローゼン型圧電トランスの構造

圧電定数が異なること，電極間間隔が異なることにより，出力電圧が増大される。空気清浄機の高電圧発生用，冷陰極管の点灯用電源などに利用される。

7.5.4 超音波モータ

超音波モータは超音波の振動で動力を得るモータである。いくつかの方式があるが，ここでは進行波型モータについて説明しよう。**図7.26**はその原理を示した図である。金属の細棒の両端に振動子が取り付けられており，右の振動子を駆動して金属棒にたわみ振動を励振する。左側の振動子では逆に振動を電力に変換し，それを負荷抵抗で消費することによって振動を吸収して反射波が生じないようにしている。こうして金属棒に左向きに伝わる進行波が生じる。進行波が生じている場合，棒の表面の一点に注目すると，その点は楕円を描いて振動していることが知られている。ここにスライダを押しあてると摩擦力により推力が発生する。これが進行波型超音波モータの原理である。駆動側と吸

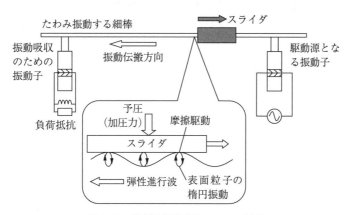

図7.26 進行波型超音波モータの原理

収側を入れ替えれば進行波の伝搬方向が変わり，スライダの移動方向が切り替わる。このように摩擦力を利用するため，スライダは振動棒に一定の力で予め押し付けられており，これを予圧と呼んでいる（🖉7-H）。

回転型ではこの振動棒を円環状にすればよい。この場合，進行波振動の励振には図7.27のような方法がとられている。すなわち，金属の円板や円環に円環状の圧電素子を接着し，図7.28のように円周方向に分割された隣り合う電極に互いに90°の位相差のある交流電圧を印加することで円周方向に伝搬する進行波を励振する。$\cos\omega t$で励振された振動は$A\cos k\theta \cos\omega t$で表される定在波となり，$\sin\omega t$で励振された振動は位置と時間がそれぞれ90°ずれた$A\sin k\theta \sin\omega t$で表される定在波になる。ここで，$\omega$は角周波数（8.1節参照）である。これらの重ね合わせは三角関数の公式により$A\cos(k\theta-\omega t)$のような進行波となるわけである。ここで，位相差を180°変えて，$\sin\omega t$を$-\sin\omega t$とすると回転方向が切り替わる。

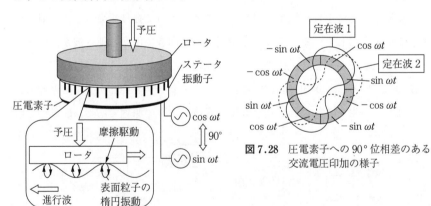

図7.27　回転型モータ

図7.28　圧電素子への90°位相差のある交流電圧印加の様子

超音波モータは従来の電磁型モータに比べて低速で高トルクが発生できるため減速が不要であり，剛性が高い制御系が構成できる。静粛性も高い。また，電源の供給を停止するだけで摩擦力による大きなブレーキ力が得られる特徴も実用上有用である。回転型超音波モータはカメラの自動焦点あわせ機構などで

実用化されている。

7.5.5 光 学 素 子

10 MHz 以上の固体中を伝搬する超音波によって，光を回折させる音響光学変調器や光スイッチは，光通信機器や光計測機器で利用されている。図 7.29 のように二酸化テルルなどの透明媒質中に超音波を伝搬させると，超音波は疎密波であるため，音波の波長を周期として，媒質の屈折率が周期的に変化する。これが光に対し格子として作用し，光の回折を引き起こす。このときに，回折光の光周波数は超音波周波数だけシフトする性質を有するので，光の周波数シフタとしても利用される。これは，周波数の異なった光を干渉させることで精密な光学測定を行うヘテロダイン干渉計に必要なデバイスである。超音波による光の回折現象は，基板上の光導波路に弾性表面波を伝搬させる方式が，他の光デバイスと組み合わせた光集積回路の一部としても応用されている。

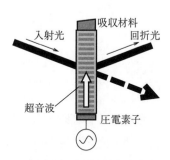

図 7.29 音響光学変調器

さらに勉強したい人のために

1) 日本音響学会編：超音波，コロナ社（2001）
2) 富川義朗編著：超音波エレクトロニクス振動論，朝倉書店（1998）
3) 超音波便覧編集委員会編：超音波便覧，丸善（1999）

第Ⅱ部 ―横糸編―

8 音 の 物 理

　音は，光や電波などと同じ波動現象の仲間であり，反射，透過，回折や散乱，干渉など波動現象に固有の振る舞いを示す．この章では，音響学のさまざまな分野に共通な物理現象としての音の性質について体系だった説明を行っていく．

　音は空気中，水中，そして固体中を伝わる媒質の振動である．媒質を小さいおもりとばねの集合体と考え，それらの動きや伸び縮みが伝わることを考えると音の性質を理解しやすい．そこで，最初に，一つずつのおもりとばねで構成される単振動子の振る舞いについて述べる．次に，多数のおもりとばねが交互に一列に並んだモデルで振動が伝わってゆく様子を考える．さらに，連続体としての媒質の振動，すなわち音の伝搬について学ぶ．

　金属などの固体中を音が伝わる場合，普通の音とは様子がだいぶ異なっている．固体は圧縮変形だけではなくずれ変形も伝えるので，振動方向が異なるいろいろな波が生じる．これらさまざまな固体の音（振動）について述べる．最後に，音の媒質が，ある長さの管などのように有限の大きさの場合には，ある決まった周波数で特有の音の分布をもつことを説明する．

　この章は，数式を用いて順序だてた説明を行っている．これらを丁寧に追いかける読み方もできるし，数式が苦手であれば文章だけを追っていく読み方も可能である．

8.1 ばねとおもりの振動

　音は空気などの振動が伝わる現象である。この振動を伝えるものを**媒質**といい，音は媒質がないと伝わらない波動である。光や電波すなわち電磁波が媒質のない宇宙空間などでも伝わるのに対して，このことが音という波動現象の特徴である。音の媒質には**質量**と**弾性**があり，これらの相互作用が音を伝える仕組みの本質である。

　本節では，質量と弾性による最も簡単な振動として，**図8.1**のようにおもりとばねが一つずつある場合を考えよう。片端が固定されたばねのもう一方の端に質量 m のおもりがつるされている。おもりに働く重力でばねはすでに少し伸びているだろう。この伸びを x_0，重力の力を F とすると，$k = F/x_0$ はばねの強さを表す**ばね定数**である。このときのおもりの位置を釣り合いの位置というが，ここからおもりを u_0 だけ引っ張って手を離すとおもりは上下に振動を始める。空気抵抗などによりエネルギーが消費されて，振れ幅はだんだん小さくなってゆく。しかし，ここでは，エネルギー消費は十分小さく，振れ幅は一定として考えよう。釣り合いの位置からの上下方向の移動距離 u を時々刻々記録して時間を横軸に表示すると**図8.2**のようになる。ここで，釣り合いの位置にきたときを時間の原点としている。振動は，このように T 秒ごとに同じ状態にもどる形となり，この繰り返し間隔 T を振動の周期という。周期は一定である。一秒間に何回振動を繰り返すかを周波数と呼び，単位は Hz（ヘルツ）である。おもりは釣り合いの位置から上に u_0 だけ振れ，下方にも u_0 だ

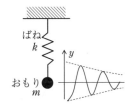

図8.1　ばねとおもりの振動

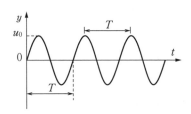

図8.2　おもりの動き（正弦波）

け振れる。この振れ幅 u_0 を振幅という。上端から下端までの $2u_0$ を振幅と考えることもある。また，釣り合いの位置からのずれである u は**変位**と呼ばれる。おもりは釣り合いの位置を通るときに最も速度が大きくなり，上端（$u = u_0$）や下端（$u = -u_0$）の近くでは速度が小さくなる。上端で折り返すとき，下端で折り返すときはいちど速度が 0 になる。このような波形が正弦波（サイン波）である。なお，振幅が小さくなってゆく振動を**減衰振動**というが，減衰振動については次節で触れる。

さて，正弦波についてもう少し見てみよう。**図 8.3** のように半径 u_0 の円の円周上を一定速度で回転する点の y 方向の位置を，時間を横軸にプロットすると図 8.2 に示した正弦波になる。つまりおもりとばねの振動の変位 u は円周上を等速回転する点の y 座標になっている。このとき円周上の点から円の中心までひいた半径と x 軸のなす角度 θ を**位相**という。付録 2.2 で示すように，一周 360°は弧度法という方法を用いると，ラジアン（rad）が単位となって一周は 2π〔rad〕となる。位相が 360°，すなわち 2π〔rad〕ずれるとおもりは同じ位置，同じ速度になっている。すると，図 8.2 の正弦波は

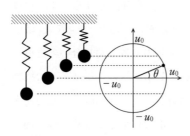

図 8.3 円周上を回転する点の動きとおもりの動き

$$y = u_0 \sin \theta \tag{8.1}$$

と表せる。これが三角関数の正弦関数（サイン関数）である。なお，図 8.3 で回転する点の x 座標は

$$x = u_0 \cos \theta \tag{8.2}$$

となる。これを余弦関数（コサイン関数）といい，正弦関数より位相が $\pi/2$ だけ進んでいる。すなわち，図 8.2 の波形を左に $T/4$ ずらしたものが余弦関数である。

周波数 f を使うと，円周上の点は 1 秒間に f 回だけ回転し，$\theta = 2\pi ft$ である。この $2\pi f$ を**角周波数**といい ω〔rad/s〕で表す。

円周上の点の速度は ωu_0 である。おもりが上下に動く**速度**は $\theta=0$ で正の最大値，$\theta=\pi$ で負の最大値をとり，その大きさはこの円周上の速度に一致する。$\theta=\pi/2$，$3\pi/2$ ではおもりの速さは 0 である。このように速度の変化は，変位 u の変化よりも時間的に $T/4$ 進んでいる。おもりの変位 u を

$$u=u_0 \sin \omega t \tag{8.3}$$

と正弦関数で表せば，速度はそれより $T/4$ 進んだ余弦関数となる。一方，速度は変位の時間変化率であるから，変位の時間微分が速度である（付録3参照）。以上のことより，振動速度 v は

$$v=\frac{du}{dt}=\omega u_0 \cos \omega t \tag{8.4}$$

と書ける。さらに，速度の時間微分である**加速度** a は

$$a=-\omega^2 u_0 \sin \omega t \tag{8.5}$$

となる。これらの式から，振幅は小さくとも，速度は周波数が高ければ大きくなることがわかる。また，加速度は周波数が大きいとさらに急激に増大する。おもりの変位と速度の関係を**図8.4**に示す。

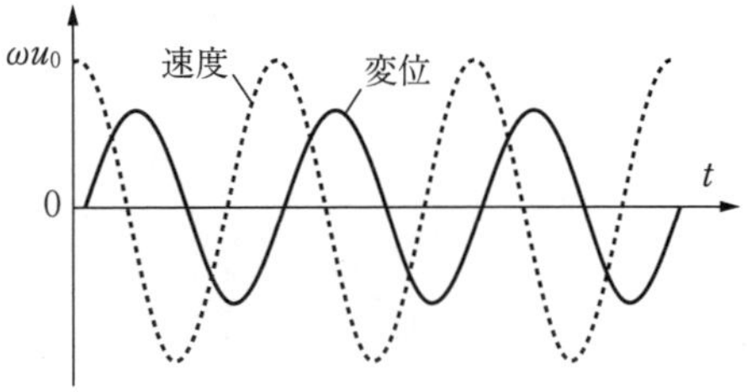

図8.4 おもりの変位と速度

　次に，おもりの運動エネルギーとばねによる位置エネルギーを考えよう。速度を v，質量を m とするとき，運動エネルギーは $mv^2/2$ となる。先に述べたように，$\theta=0$ および $\theta=\pi$ で速度は最大となり，おもりの運動エネルギーは最大値

$$K=\frac{1}{2}m\omega^2 u_0{}^2 \tag{8.6}$$

を示す。一方，位置エネルギーは，ばね定数を k，振幅を u とすると，$ku^2/2$ となる。したがって，ばねによる位置エネルギーは，運動エネルギーとは位相が $\pi/2$ または $3\pi/2$ ずれたときに最大値

コラム 8.1　運動の法則とエネルギー

　物を動かすのには力を加える。これを，力を加えると速度が変化する，すなわち加速度が生じるととらえるのがニュートンの運動の法則である。加えた力と発生する加速度は比例し，その比例定数が質量である。つまり，質量 m の物体に一定の力 F を加えた場合，力 F と速度 v の間には，以下の関係がある。

$$F = ma = m\frac{dv}{dt} \tag{1}$$

これは運動方程式と呼ばれている。ここで加速度 a は速度の変化率，すなわち時間微分である（付録3参照）ことを用いている。左図のように速度が時間とともに一定の割合で増えてゆく運動は加速度が一定の運動であり，$v=at$ の関係がある。このとき物体が移動した距離 x は左図の灰色の三角形の面積になるので

$$x = \frac{1}{2}at^2 \tag{2}$$

となる。
　一方，力 F を加えて距離 x 進めば，この力は物体に対して Fx のエネルギーを与えたことになる。これを物理学の用語で仕事という。物体が，この仕事によって獲得するエネルギー K を計算しよう。

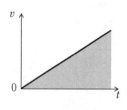 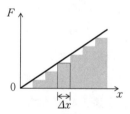

速度の変化　　　　　　　　　ばねの力と縮み

$$K = Fx = ma \times \frac{1}{2}at^2 = \frac{1}{2}m(at)^2 = \frac{1}{2}mv^2 \tag{3}$$

これが速度 v で運動する質量 m の物体の運動エネルギーとなる。
　また，ばねを Δx だけ押し縮めることを考えると，このときもばねを押す力 F とばねの縮んだ長さ Δx で $F\Delta x$ の仕事を行うことになり，ばねはこれに等しいエネルギーを蓄える。右図のように，力 F はばねの縮みによって $F=kx$ のように変化することは本文中でも述べた。$F\Delta x$ は図の灰色の長方形一つの面積である。したがって，ばねの縮みが x となったときのばねに蓄えられるエネルギー U は，図の灰色の部分の面積の総和であり，Δx を限りなく小さく考えると，

$$U = \frac{1}{2}Fx = \frac{1}{2}kx^2 \tag{4}$$

となる。これがばねに蓄えられる位置エネルギーである。

$$U = \frac{1}{2} k u_0^2 \tag{8.7}$$

となる。このようにおもりとばねは1周期の中でたがいにエネルギーをやりとりしながら振動していることになる。エネルギー保存則より運動エネルギーの最大値と位置エネルギーの最大値は等しくなる。したがって，$K=U$の関係から

$$\omega = \sqrt{\frac{k}{m}} \quad \text{あるいは} \quad f = \frac{1}{2\pi}\sqrt{\frac{k}{m}} \tag{8.8}$$

のように振動の周波数が計算される。ばねとおもりの振動の周波数は一定で，ばね定数とおもりの質量で決定されることがわかる。おもりが軽いほど，また，ばねが硬いほど高い周波数で振動する。

式 (8.8) は慣性力とばねによる力の釣り合いの式であるおもりの運動方程式を解くことからも知ることができる。慣性力は質量と加速度の積であるから

$$m\frac{d^2 u}{dt^2} = -ku \tag{8.9}$$

と書ける。これに式 (8.3) を代入すれば式 (8.8) と同じ結果が導かれる。

8.2 共　　　　振

前節のように初めにエネルギーを与え，その後はエネルギー供給を行わない場合を**自由振動**という。自由振動の振動周波数は，前節で求めたように，ばね定数とおもりの質量で決定される。これを**共振周波数**という。また，この周波数は系に固有であることから**固有周波数**と呼ばれることもある。

空気抵抗などのエネルギー損失があれば，図 8.5 のように少しずつ振幅は小さくなってゆく。損失の度合いを α で表すと，振幅の変化は図中の破線のように $e^{-\alpha t}$ と書く指数関数になる。$\alpha > 0$ の場合は図のように値が単調に

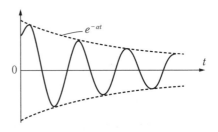

図 8.5　減衰する振動

小さくなってゆき0に漸近する。αが大きいほど速く小さくなる。ここでeはネイピア数といわれ，$e=2.718\cdots$である。一方，図中の実線が**減衰振動**であり

$$u = u_0 e^{-\alpha t}\sin(\omega t + \varphi) \tag{8.10}$$

のように書ける。ここで，φは$t=0$のときの位相のずれを表しており，初期位相という。

次に図8.1のばねとおもりの振動系に外部からエネルギーを供給する場合を考えよう。これを自由振動に対して**強制振動**と呼ぶ。例えばおもりを周波数fでつつく場合である。すなわち$T=1/f$であるT秒に1回おもりに力を加える。するとその周波数fでおもりは振動する。周波数が十分に低ければ，その振幅は静的に力を加えたときと同じである。しかし，周波数が式(8.8)で決まる共振周波数に近づくにつれ，だんだん振幅が大きくなってくる。**図8.6**のように共振周波数で振幅は最大となり，共振周波数を超えると再び振幅は低下する[†]。共振周波数では直流（周波数0）のときのQ倍の振動振幅になる。この**Q値**は共振の「鋭さ」を示す指標になっている。

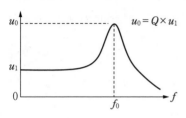

図8.6 共振系の振動振幅と駆動力の周波数の関係

Q値は損失の少なさを表しており，損失が0で図8.2のように減衰しない場合のQ値は無限大である。損失のない系に外部からエネルギーを供給し続ければその系が蓄えるエネルギーは増え続けてしまうからである。Q値は正確には

$$Q = 2\pi \times \frac{\text{最大運動エネルギー（または最大位置エネルギー）}}{1\text{周期で消費されるエネルギー}} \tag{8.11}$$

と定義される。また，Q値を用いて次のように図8.5の減衰係数αを表すことができる。

$$\alpha = \frac{\pi f}{Q} \tag{8.12}$$

[†] これはQ値が高い場合（165ページ参照）に有効な近似であり，Q値が低い場合は式(8.8)よりも少し低い周波数で振幅最大となる。

Q値を実験で求めるには，図8.6の曲線を共振周波数付近で拡大した**図8.7**において，振幅が共振周波数f_0のときの振幅の$1/\sqrt{2}$，つまりエネルギーが半分になる周波数f_1, f_2を探し

$$Q = \frac{f_0}{f_2 - f_1} \tag{8.13}$$

のように計算する．この式 (8.13) は近似式であり，Q値が10以上であればよい近似となっている．

このように共振系では，わずかの加振力で大きな振幅が生じる．エンジンなどの機械や橋などの土木建築物では，共振は不要振動を生じるやっかいな現象であ

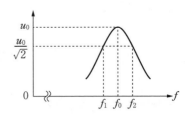

図8.7　共振曲線からQ値を求める方法

り，共振が起こることを避ける設計を工夫する．広い周波数範囲で一様な感度を得たいマイクロフォンやスピーカでも不要な共振を抑える設計がなされている．一方，強力な超音波を発生させる振動子では共振を積極的に利用してできるだけ少ない電力で効率よく動作するよう考えられている．パソコンのクロック源となっている水晶振動子もQ値の高い振動系である．

共振周波数では大きな振幅が得られるが，外部からの加振力を与えた瞬間から大きな振幅で振動するわけではなく，**図8.8**のように少しずつ増大してゆく．これはブランコに乗った人の背中を押すことを思い浮かべるとよい．ブランコは図8.1のばねの役割を重力が行っている振動系であり，うまく共振周波数で背中を押せば大きな動きが得られる．このときもブランコの振れ幅は背中を押すごとに少しずつ増えてゆく．背中を押すことによってブランコという振動系に毎周期ごとに少しずつエネルギーを注入しているわけである．図8.8の立上がり方は図8.5の減衰振動の減衰の仕方の逆になっている．すなわち立上がりの速さも同じαで評価できる．αが小さいほど，つ

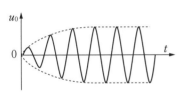

図8.8　共振振動の立上がり

まりQ値が大きいほど立上がりは遅くなる。$1/\alpha$ のことを**時定数**ということがある。時定数は振幅が最終値の $1-1/e$（約63%）に達するまでに要する時間である。減衰振動のときには，加振力を止める前の振幅の $1/e$（約37%）まで減衰するのにかかる時間が時定数である。時定数は振動の周期の Q/π 倍に等しい。すなわち，外部からの駆動力を加えはじめてから Q/π 回振動すると振動振幅が63%まで達するということである。

8.3 伝わる振動

これまで述べてきた振動は一つのおもりがその場所で振動する現象であった。この節では，**図8.9**のように多数のおもりとばねが交互につながったモデルについて，各おもりの振動変位を考えることで振動が玉突き的に伝わっていく様子を見てみよう。このモデルにおいておもりを微小にし，おもりの間隔を小さくして

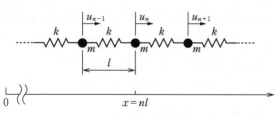

図8.9 おもりとばねが1次元に多数つながった振動系

ゆくとその極限は空気や水，金属といった連続的な媒質になると考えて，そのような連続媒質を伝わる音や振動を考える一段階前の考察を行う。

この図では表示の都合上，図8.1と異なって，おもりとばねを横に並べてあり，振動の方向も横方向になっている。重力は考えないことにしよう。おもりの間隔（ばねの自然長）は l である。すべてのおもりがある一定の角周波数 ω で連続的に振動しているときを考える。これは例えば，音源から正弦波（純音）が伝わっていくことを想定すればよい。すると，n 番目のおもりの振動の変位 u_n は

$$u_n = A\sin(\omega t - n\varphi) \tag{8.14}$$

となる。振動が左から右に伝わることを前提に，この式では，となりあうおも

りの振動の間に位相差 φ があるとおいている。そのため，n 番目のおもりの位相の遅れが $n\varphi$ となっているのである。このように式 (8.3) にはないおもりの位置に関する項 $n\varphi$ が含まれている。位相差 φ がどのように決定されるかについては後に議論する。

各おもりの位置を時間の進行に応じて描いたのが**図 8.10** である。各おもりがそれぞれの位置で左右に振動しており，隣との間には少し時間差がある様子がわかる。こうしたときに，おもりが寄り集まって**密**になった場所は時間の進行に伴って右に進んでいる。同様に，間隔が広い**疎**になったところも同じ速度で右に進んでいる。このようにおもりとばね

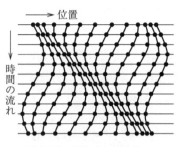

図 8.10　図 8.9 のおもりの振動の様子

の振動がいわゆる**疎密波**となって進んでゆく様子が見てとれる（🍘 8-A）。

次に，それぞれのおもりについて，ある時間 t_1 における変位を縦軸に，場所を横軸としてプロットすると**図 8.11** のようになる。これも正弦波になっている。図 8.9 のモデルでは振動変位の方向と波の進む方向が同一である。このような波を**縦波**という。図 8.11 では，表示上，波が進む方向と直交方向に変位をとっているので，縦波であることはわかりにくくなっているが，説明にはこのような表示の仕方がよく使われる。時間が進んだ t_2 では形を保ったままその正弦波が右向きに進んでいることがわかる。さらに時間が t_3 に進むと波もまた同じだけ進んでいる。これが伝わる波である。ここで，この波形の山と山（最大値と最大値）の間の距離 λ を**波長**という。伝わる波は空間的にも周期的に繰り返しており，その空間的な周期が波長ということになる。

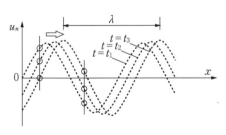

図 8.11　おもりの変位が進んでゆく様子

180   8. 音 の 物 理

8.4 音　　　速

さて，ここで，おもりの動きをもう少しくわしく見て，振動の伝わる速さ，すなわち**音速**を求めてみよう。図8.9において，n番目のおもりは左のばねと右のばねの両方から力を受ける。それぞれのばねの伸びは，そのばねの両側のおもりの変位の差で表されるので，左のばねの発生する力は$-k(u_n - u_{n-1})$，右のばねの発生する力は$k(u_{n+1} - u_n)$である。したがって，n番目のおもりの運動方程式は

$$m\frac{d^2 u_n}{dt^2} = -k(u_n - u_{n-1}) + k(u_{n+1} - u_n) \tag{8.15}$$

となる。右辺をよくながめてみると，おもりの変位の差のさらに差になっていることがわかる。左辺は時間に関する微分が2回行われている。つまり，時間に関する変化率の変化率である。8.6節で述べるように，変位の場所に関する変化率の変化率と時間に関する変化率の変化率が比例関係にあることが，空間を伝わる振動，すなわち波動を表す方程式の特徴である。

次に，式 (8.14) で仮定した位相差φについて検討しよう。式 (8.14) を式 (8.15) の右辺に代入すると

$$m\frac{d^2 u_n}{dt^2} = -kA\{\sin(\omega t - n\varphi) - \sin(\omega t - n\varphi + \varphi)\} + kA\{\sin(\omega t - n\varphi - \varphi) - \sin(\omega t - n\varphi)\}$$

$$= -2kA\left\{\cos\left(\omega t - n\varphi + \frac{\varphi}{2}\right) - \cos\left(\omega t - n\varphi - \frac{\varphi}{2}\right)\right\}\sin\frac{-\varphi}{2} \tag{8.16}$$

$$= -2kA\left\{-2\sin(\omega t - n\varphi)\sin\frac{\varphi}{2}\right\}\sin\frac{-\varphi}{2}$$

$$= -4kA\sin(\omega t - n\varphi)\sin^2\frac{\varphi}{2}$$

となる[†]。次に，左辺にも式 (8.14) を代入すると，$-m\omega^2 A\sin(\omega t - n\varphi)$ とな

[†]　三角関数の公式

$\sin A - \sin B = 2\cos\dfrac{A+B}{2}\sin\dfrac{A-B}{2}$　および　$\cos A - \cos B = -2\sin\dfrac{A+B}{2}\sin\dfrac{A-B}{2}$を用いた。

る。ここで，おもりの質量 m とばね係数 k で決まる共振周波数を $\omega_0 = \sqrt{k/m}$ とすれば

$$\frac{\omega}{\omega_0} = 2\sin\frac{\varphi}{2} \approx \varphi \tag{8.17}$$

となる。ここで φ が 1 rad よりも十分小さいときには，$\sin\varphi \approx \varphi$ と近似できることを用いている。この結果より，隣り合うおもりの間の位相差 φ は，伝搬する振動の周波数 ω と共振周波数 ω_0 の比で表すことができることがわかる。図 8.9 のモデルで連続的な媒質を模擬するには，この位相差が十分小さい必要がある。つまり，このモデルのおもりとばねの組がもつ共振周波数 ω_0 は伝搬する振動の角周波数 ω より十分大きく設定する必要がある。

いよいよ，この波が伝わる速さ（伝搬速度）を求めてみよう。一般に伝搬速度 c は波長 λ と周波数 f の積である。おもりの間隔 l の波長 λ に対する割合 l/λ は，おもりの間の位相差 φ の 1 周期 2π に対する割合 $\varphi/(2\pi)$ と等しいので，式 (8.17) の関係を考えて

$$c = f\lambda = l \times \sqrt{\frac{k}{m}} = \sqrt{\frac{kl}{m/l}} \tag{8.18}$$

となる。おもりが軽いほど，また，ばねが硬いほど，伝搬速度は大きくなることがわかる。図 8.9 の極限である連続媒質で考えれば，単位長さ当りの質量 m/l と，ばね定数とばねの長さの積 kl で伝搬速度（音速）が決まる。m/l は密度，kl は弾性定数に相当するから，密度が小さく硬い媒質ほど音や振動を速く伝えるわけである。

8.5　空気中の音波

図 8.12 のように空気を満たした断面積 S のパイプ中を進む**音波**を考える。ただしここでは，パイプの壁面はつるつるで空気はピストンのように左右にしか動かないという理想的な場合を考える。

空気は質量をもち，押し縮めると元にもどろうとするばねの性質ももってい

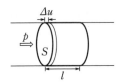
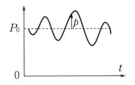

図8.12　空気のばね特性　　　図8.13　圧力波としてみた音波と音圧

る。前節のモデルでは微小なおもりと短いばねが交互に並んでいたが，空気の場合はおもりもばねも連続的に分布していると考えられる。そこで空気はおもりとばねのモデルにおいておもりの間隔を無限に小さくした極限的なものと考えれば，同様に振動が伝わる現象を調べることができる。空気のパイプの一部の長さlの部分を図8.9の1組のおもりとばねに対応させればよい。おもりの振動速度は，注目する空気の一点を仮想的な粒子であると考え，これが振動する速度と考えることができる。これが空気の**粒子速度**である。おもりの伸び縮みは空気の疎密に対応し，音波はこの疎密が伝わる**疎密波**である。疎密波は，振動方向と伝搬方向が一致するから縦波である。個々のばねが発生している力は，その場所での空気の圧力変化と対応づけられる。空気には常に大気圧P_0がかかっているが，図8.13のように，ある瞬間での圧力の大気圧からの変動分が**音圧**pである。なお，1〜6章で使ってきたpは「実効値」と呼ばれるもので，今述べたある瞬間の音圧（瞬時値という）の2乗を時間平均し平方根をとったものである。聞こえにかかわる音について述べる場合，音圧といえば実効値を指していることが多い。一方で，本章のように音の物理を数学的に記述する場合や，波の形そのものを議論する場合（例：7.4.3項）には，時間の関数としての瞬時値を扱う。疎になったところは大気圧より圧力の低いところ，密になったところは圧力が高いところと考えられる。粒子速度と音圧は音波を表す重要な量であり，電気回路の電流と電圧，電磁波の磁界と電界に対応する。圧力よりも空気の動きのほうがイメージを描きやすいので，空気粒子の変位を説明に用いることも多い。しかし，現実に使われる多くのマイクロフォンが測定しているものは音圧である。マイクロフォンの振動膜は音圧に応じてふくらんだりへこんだりする。これを電気的に検出して電気信号として出力する

のである（3.1節参照）。したがって，測定に際しては音圧で議論することが多い。音圧も圧力であるので単位は圧力の単位 Pa（パスカル）が使われる。大気圧は約 1×10^5 Pa であるが，音圧はこれに比べてきわめて小さい値である。人が耳で聞くことができる最小の音圧はおおよそ 2×10^{-5} Pa であり，大きい場合でも大気圧の $1\,000$ 分の 1 程度である。

さて，前節の結果を利用して空気中を伝わる音波の伝搬速度を求めてみよう。空気の長さ l の部分のおもりの質量 m とばね係数 k は，空気の密度を ρ，比熱比を γ，大気圧を P_0 として，それぞれ

$$m=\rho Sl, \quad k=\frac{\gamma P_0}{l}S \tag{8.19}$$

と書ける。これを式（8.18）に代入して，空気中の音の伝搬速度すなわち**音速**は

$$c=\sqrt{\frac{\gamma P_0}{\rho}} \tag{8.20}$$

と計算できる。この式には大気圧 P_0 が入っているが，大気圧が高くなると密度も高くなるため，実際には，音速の変化に大気圧はあまり反映されない。T を摂氏温度とすると，この式は常温付近では

$$c=331.5\sqrt{\frac{T+273.16}{273.16}}=331.5+0.60T \ \ \mathrm{[m/s]} \tag{8.21}^\dagger$$

と書けることが知られている。これより，空気中の音速は 0℃のときに 331.5 m/s であり，温度 1℃に対する音速の変化，すなわち温度係数は約 0.6 m/s である。気体の種類によって音速は異なる。ヘリウムでは 970 m/s（0℃にて。温度係数は 1.6 m/s）と空気よりもずっと速い。一方，二酸化炭素では約 260 m/s（0℃にて。温度係数は 0.9 m/s）と遅い。

なお，液体中では式（8.19）の γP_0 の代わりに体積弾性率という量を用いれば音速を計算できる。多くの液体中の音速は $1\,000\sim1\,500$ m/s の間の値となる。水の場合は約 $1\,500$ m/s であり，空気と同様，温度とともに音速が増大す

---

† 式（8.21）を $331.5+0.61T$ と書く場合も多いが、これは式（8.21）の左辺を 0℃で展開したもので 0℃付近で近似度が高い。常温（15℃）付近では本書の式のほうが左辺に近い値を与える。

184   8. 音 の 物 理

る。しかし，これは液体の中では特殊な例で，たいていの液体では音速の温度
係数は負になっている。

コラム 8.2 空気のばね定数

空気がばねの性質をもつことは，先端を閉じた注射器のピストンを押すと押し
戻されることからも理解できる。気体に圧力をかけて体積を変化させる場合に
は，熱の出入りがあるのかないのかによってその性質が異なる。ピストンを押す
速度はそれほど速くないので，熱が出入りする時間的余裕がある。これに対して
音の場合には周波数が高く，熱が出入りしている暇を与えずに体積が変化すると
考えられる。このような場合を**断熱過程**という。断熱過程では，圧力 P と体積
V の間に，γ を**比熱比**（定積比熱と定圧比熱の比，空気では約 1.4）として，
$PV^\gamma=$ 一定という法則が成り立つ。図 8.12 のように，圧力が p 増して，円柱部
分の長さが Δu だけ縮んだときも圧力と体積の γ 乗の積は変わらないので，次式
が成り立つ。

$$P_0 l^\gamma = (P_0+p)(l-\Delta u)^\gamma = (P_0+p)(l^\gamma - \gamma l^{\gamma-1}\Delta u + \cdots)$$
$$\approx (P_0+p)(l^\gamma - \gamma l^{\gamma-1}\Delta u) \qquad (1)$$

ここで，音圧 p が大気圧 P_0 に比べて小さいこと，空気の縮む割合が十分小さい
ことに着目した近似を用いている。さらにこの右辺を計算した第 4 項 $p\gamma l^{\gamma-1}\Delta u$
も小さい量どうしの積なので無視する。これを書き直すと

$$p = \frac{\gamma P_0}{l}\Delta u \qquad (2)$$

のようになり，圧力 p と縮み量 Δu の関係が求まる。これから式（8.19）のばね
定数が導かれる。ばね定数は力と変形量の関係なので，式（8.19）では圧力から
力に変換するため面積が掛かっている。

ところで，二つの量が比例関係にある現象を線形現象というが，以上の導出過
程では，本来比例関係にない現象から，変形量や圧力変化が十分小さい範囲であ
ることを条件に p と Δu が比例する式（2）を導いた。この導出過程は，媒質の
弾性特性が本来は非線形であることを示唆している。式（2）の線形な結果は，
人が聞く音のように，大気圧に比べて音圧が小さい範囲ではよい近似であり，問
題が生じることはまずない。しかし，音圧がきわめて高いときには，ここで近似
を行ったことを思い出さねばならない。超音波では容易に強度の高い音場を作る
ことができるので，非線形現象としての音を観測できることがある。また，可聴
音でも，音速を超える飛行機によって発生する音（ソニックブーム）のような強
大な音では非線形現象が観測できる。

8.6 音波の波動方程式とその解

これまで音波についておもりとばねからなるモデルによって検討してきた。しかし，実際には空気は連続な媒質である。ここではあらためて空気を連続体としてとらえて音波の**波動方程式**を導こう。空気中を音波が一方向に伝わっている場合のある瞬間に，**図8.14**のように空気の一部を切り取ってきて，その部分の運動を考える。音波の伝わる方向を x 軸方向として，位置 x の微小な長さ Δx の部分に注目する。空気の粒子変位 $u(x)$ と音圧 $p(x)$ は x 方向に伝わるに従って値が変わるので，位置 x の関数である。まず，この部分の運動方程式を導く。この部分の質量は，ρ を密度，S を断面積とすると $\rho S \Delta x$ であり，この部分に左右から圧力

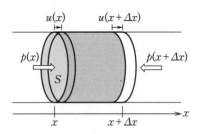

図8.14 空気中に音波が伝わる際の空気の運動

による力がかかっている。圧力はどちらも左右の面に内向きに働くので，この部分に x の正の向きに働く力は，この部分の左側の面に働く力から右側の面に働く力を引いたものになる。運動方程式は，この力が，この部分の質量と加速度の積に等しいとおくことによって与えられ

$$\rho S \Delta x \frac{\partial^2 u}{\partial t^2} = S[-p(x+\Delta x) + p(x)] \tag{8.22}$$

となる。変形すると次式のようになる。

$$\rho \frac{\partial^2 u}{\partial t^2} = -\frac{p(x+\Delta x) - p(x)}{\Delta x} \tag{8.23}$$

右辺は Δx を微小とすれば音圧の位置に関する**微分**と考えられ

$$\rho \frac{\partial^2 u}{\partial t^2} = -\frac{\partial p}{\partial x} \tag{8.24}$$

が求める運動方程式となる。ここで，微分の記号として d ではなく ∂ を用い

186   8. 音 の 物 理

ているのは，時間に関する微分，位置に関する微分を区別し，その一方につい
てのみの微分を示すためで，これを**偏微分**という（付録3.1参照）。粒子変位
も音圧も，時間の関数であると同時に場所の関数でもあるからだ。

ばねの方程式はコラム8.2の式（2）で求めた。これを今考えている部分に
適用すると，この注目部分の変形量 Δu は図8.14の左側の変位と右側の変位
の差である。ここでも，この部分の長さが無限に小さいときの極限を考える
と，変位の空間微分となる。すると，式（2）は

$$p = -\gamma P_0 \frac{u(x+\Delta x) - u(x)}{\Delta x} = -\gamma P_0 \frac{\partial u}{\partial x} \tag{8.25}$$

と書きなおされる。式（8.24）と（8.25），そして空気の音速の式（8.20）から

$$\frac{\partial^2 u}{\partial x^2} = \frac{1}{c^2} \frac{\partial^2 u}{\partial t^2} \tag{8.26}$$

となる。これが音波の方程式である。同様に p についても

$$\frac{\partial^2 p}{\partial x^2} = \frac{1}{c^2} \frac{\partial^2 p}{\partial t^2} \tag{8.27}$$

と同じ形の方程式が得られる。これらの方程式は，右辺の時間に関する2階微
分と左辺の場所に関する2階微分の釣り合いの式になっており，その釣り合い
の係数が伝搬速度の2乗である。これが，伝わる振動，すなわち波動を表す方
程式の特徴であり，**波動方程式**と呼ばれる。音波に限らず電磁波などでも波動
方程式は一般にこのような形式を有している。

この方程式の解が伝搬する波動である。式（8.14）はこの解の一つである。
ただし，この式は空間中の飛び飛びの点（離散点）に対する式だったので，連
続的な位置 x に対する式に書き換えてみよう。

$$u(x, t) = A \sin(\omega t - \beta x) \tag{8.28}$$

これは式（8.26）の解であるので，式（8.26）に代入してみると次の式が得られる。

$$\beta = \frac{\omega}{c} = \frac{2\pi}{\lambda} \tag{8.29}$$

この β は**波数**と呼ばれるもので，単位長当りの波の数に比例する量である。
波動方程式を満たす解は他にも存在する。例えば，式（8.28）の場所の項の符

号を変えた

$$u(x, t) = A \sin(\omega t + \beta x) \tag{8.30}$$

も解となる。先に示した式 (8.28) が x 軸の正の向きに進む波（進行波）であるのに対して，この解は負の向きに進む波（後退波）であることがわかる。これら式 (8.28) と式 (8.30) は，ある周波数の連続的な正弦波を表しており，波動方程式の特別な解になっている。

じつは，式 (8.26) の波動方程式は，ある特定の周波数の正弦波の波動だけではなく，任意の関数 $\eta(x)$ と $\xi(x)$ による，より一般的な解である**ダランベールの解**

$$u(x, t) = \xi(x - ct) + \eta(x + ct) \tag{8.31}$$

を有している。これを式 (8.26) に代入すれば波動方程式の解であることが容易にわかる。ξ が正方向へ，η は負方向に速度 c で進む波を表している。すなわち，このダランベールの解は，**図 8.15** のように正方向に速度 c で進む任意の波形と負方向に速度 c で進む任意の波形が波動方程式の解として存在することを意味している。ところで，9 章で学ぶように，どのような複雑な波形でも，周波数の異なった多数の正弦波の重ね合わせで表現できることが知られている。したがってダランベールの解は，さまざまな周波数の正と負の方向に進む正弦波，つまり式 (8.28) と式 (8.30) の重ね合わせで表現できることになる。その意味で，これら 2 式は波動方程式の基本となる重要な解である。

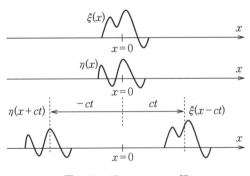

図 8.15 ダランベールの解

コラム 8.2 では空気の弾性の式を導く際の線形近似について説明した。この節の最後に，波動方程式を構成するもう一方の式である運動方程式 (8.24) を導く際に用いた近似についても触れておこう。図 8.14 をもう一度見てみよう。

188   8. 音 の 物 理

粒子変位は位置 x の関数であるが，変位 $u(x)$ の方向が x 軸方向であり，変位した後の粒子の座標は $x+u(x)$ になっているはずである。これを変位が小さいという条件のもとに座標を x のままで考えるという近似を行ったのである。これも線形近似の一種である。

　これまで述べたように，媒質の性質においても，運動を支配する方程式においても，線形近似を行ったがゆえに音波の波動方程式が得られたのである。

8.7　音響インピーダンスと音の反射・透過

　これまで音波の粒子変位あるいは粒子速度を見てきたが，ここでは音圧を見てみよう。式（8.25）を基本に，音速の式（8.20）や波数と音速の関係式（8.29）などを用いることによって，音圧 $p(x,t)$ は粒子速度 $v(x,t)$ との間に次のような関係があることが知られている。

$$p(x,t) = \rho c v(x,t) \tag{8.32}$$

この式は音圧と粒子速度の比が ρc，すなわち密度と音速の積に等しいことを示している。音の媒質の種類や温度などが決まれば，密度と音速はある決まった値になるので，ρc もある一定値に定まることになる。これを**比音響インピーダンス**と呼び，媒質の音響特性を表す重要な指標である（特性音響インピーダンスと呼ばれることもある）。音圧を電圧，粒子速度を電流に対応させれば，電気回路のインピーダンスに相当する物理量である。

　音圧 $p(x,t)$ と粒子速度 $v(x,t)$ は，それぞれの振幅 P_+ および V_+ を考えて

$$p(x,t) = P_+ \cos(\omega t - \beta x), \quad v(x,t) = V_+ \cos(\omega t - \beta x) \tag{8.33}$$

と書くことができる。ここで，P と V に＋が付してあるのは，正方向に進む波を示すためである。

　次に，音のエネルギーと，その単位時間当りの値（パワー，仕事率）について考えてみよう。電気回路で電圧と電流の積が電力を表すように，音波では音圧と粒子速度の積が音響的なパワーを表す。これは，パワー（仕事率）が力に速度を掛けたものであることからも類推できよう。単位面積当りの音響的なパ

ワー I は，音圧と振動速度が式 (8.33) のように同位相の場合には

$$I = \frac{1}{2} P_+ V_+ = \frac{1}{2} \frac{P_+^2}{\rho c} \tag{8.34}$$

と計算される。

　反射波がある場合には，音圧と粒子速度の間には位相差が生じるため，その位相も考慮して実効的なパワーを計算する必要がある。また，実際の音場では粒子に振動方向があり，粒子速度はベクトル量になる。そのため，音響的なパワーは音響エネルギーの進む方向を示すベクトル量となる。このような波動によるエネルギー流れの方向と量を示すベクトルを一般にポインティングベクトルと呼んでいる。音波のポインティングベクトルを特に**音の強さ**，あるいは**音響インテンシティ**という。なお，固体の振動の場合には**振動インテンシティ**という。

　式 (8.24) の両辺を時間に関して積分することで，粒子速度は

$$v(x, t) = -\frac{1}{\rho} \int \frac{\partial p(x, t)}{\partial x} dt \tag{8.35}$$

のように，音圧の空間的な傾きから求められる。この右辺では積分記号（付録3参照）を用いた。なお，音圧の傾きを**音圧傾度**ということがある。

　次に**図 8.16** のように音波が**剛壁**によって反射するときを考える。剛壁とはまったく動かない仮想的な壁のことで，音響インピーダンスが無限大の壁のことである。これは，壁の密度が無限大と考えてもいいし，硬さ（正確には弾性定数）が無限大と考えてもよい。このとき剛壁に向かっていく音波（**入射波**）を，式 (8.33) と表せば，これに**反射波**の音圧 $P_- \cos(\omega t + \beta x)$ と反射波の振動速度 $V_- \cos(\omega t + \beta x)$ が加わることになる。P と V に付してある $-$ は，負方向に進む波を示すためである。すると，音圧と粒子速度は次のように表される。

$$p(x, t) = P_+ \cos(\omega t - \beta x) + P_- \cos(\omega t + \beta x)$$
$$v(x, t) = V_+ \cos(\omega t - \beta x) + V_- \cos(\omega t + \beta x) \tag{8.36}$$

剛壁であるため壁は動かないから壁の位置 $(x = 0)$ で振動速度は 0 となる。

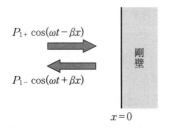
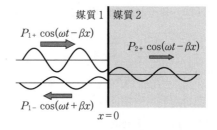

図8.16　剛壁で反射する音波　　　図8.17　音波の透過

すなわち，$v(0, t) = 0$ となるので，$V_- = -V_+$ となる。これは，剛壁における反射に際し，粒子速度の位相が反転することを示している。このような場合の粒子速度は次式で表される。

$$v(x, t) = V_+ [\cos(\omega t - \beta x) - \cos(\omega t + \beta x)] = 2V_+ \sin\beta x \sin\omega t \quad (8.37)$$

この式は，この振動が場所によって振幅が異なるものの，波が空間を移動することはなく，「進まない」振動となっていることを示している。入射波と反射波の干渉により，振幅が最大になる位置と最小になる位置が生じている。これが**定在波**（定常波）である。一方，音圧のほうは，式(8.25)，(8.37)から

$$p(x, t) = -\gamma P_0 \int \frac{\partial v(x, t)}{\partial x} dt = 2\rho c V_+ \cos\beta x \cos\omega t \quad (8.38)$$

となる。式(8.37)の粒子速度と比べると，音圧と粒子速度の間には $\pi/2$ の位相差が生じていることがわかる。

次に，**図8.17**のように比音響インピーダンスが異なる二つの媒質の境界での音波の振る舞いを見てみよう。なお，この図では音圧を表示している。それぞれの媒質の比音響インピーダンスを Z_1，Z_2 とする。ここでも反射が生じるが，一部は二番目の媒質の中に透過してゆく。この際，音波の連続性を保つため，境界面（$x=0$）の左右で粒子速度が同じになる。また，左右で音圧も釣り合う必要がある。それらを条件にすれば，入射波の音圧に対する反射波の音圧の比（反射係数）r，入射波の音圧に対する透過波の音圧の比（透過係数）t が求められる。

$$r = \frac{P_{1-}}{P_{1+}} = \frac{Z_2 - Z_1}{Z_2 + Z_1}, \quad t = \frac{P_{2+}}{P_{1+}} = \frac{2Z_2}{Z_2 + Z_1} \tag{8.39}$$

入射音圧にこれらの係数を掛け算すれば反射波，透過波の音圧が求まる。一方，入射音と反射波の音の強さの比を反射率，入射波と透過波の音の強さの比を**透過率**[†]という（1章，6章参照）。反射率，透過率をそれぞれ R，T とすると，次式のように書ける。

$$R = \frac{P_{1-}{}^2/Z_1}{P_{1+}{}^2/Z_1} = \frac{P_{1-}{}^2}{P_{1+}{}^2} = r^2 = \left(\frac{Z_2 - Z_1}{Z_2 + Z_1}\right)^2, \quad T = \frac{P_{2+}{}^2/Z_2}{P_{1+}{}^2/Z_1} = t^2\frac{Z_1}{Z_2} = \frac{4Z_1Z_2}{(Z_2 + Z_1)^2} \tag{8.40}$$

ここで，エネルギー保存則から $R + T = 1$ が成り立っている。

このように二つの媒質の比音響インピーダンスが異なるほど反射が大きくなる。したがって，空気から水中や固体中，あるいはその逆など，比音響インピーダンスが大きく異なる媒質の間では音が入って行きにくい。超音波診断装置でプローブの先端にジェルを塗るのは，ほぼ水に近い性質をもつ人体とプローブの間に比音響インピーダンスが小さい空気が入ることを防いで超音波の出入りをよくするためである。

8.8　音の伝わり方の性質

前節で述べた反射や透過は波動現象である音の振る舞いの特徴の一つである。ここではこれ以外の性質について述べる。まず，平面波が二つの媒質の境界面に対して斜めに入射する場合を考える。違う媒質の中では一般に音速が異なるので，波長が異なる。**図 8.18** のように音速の大きい媒質から小さい媒質へ音が伝わる場合，入射角よりも透過してゆく音の角度が小さくなる。これが音の**屈折**である。逆に音速の大きい媒質に入射する場合は**図 8.19** のように角度が大きくなる。このことより，音速の大きい媒質に入射する場合には入射角がある値まで大きくなると，透過波の角度が 90° となり，境界に沿った方向

[†]　透過率は，媒質 1 を伝搬してきた音のエネルギーを，媒質 2 が吸収すると見る場合には，吸音率と呼ぶ。

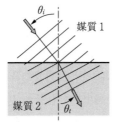 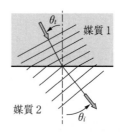

図8.18 音速の小さい媒質への入射　　図8.19 音速の大きい媒質への入射

に進むようになる。さらにそれ以上の入射角では，媒質2の中に音波は入らずに反射波のみが生じるようになる。これが全反射角である。

　これらの図中では音の進行方向に垂直な波面を多数の平行線で表示している。波面は位相が同じ面なので等位相面ということもできる。等位相面が平面な波を**平面波**という。つまり，ここでは平面波を考えているわけである。媒質1と媒質2の境界面で波面が連続にならなければならないので，波の進む方向を境界で変えざるを得ないというのが屈折の現象である。図中で媒質1と媒質2の境界で波面が接続されるような角度に透過波が進んでいる様子がわかる。ここで，媒質1での音速を c_1，媒質2での音速を c_2 とすると

$$c_1 \sin\theta_t = c_2 \sin\theta_i \tag{8.41}$$

の関係がある。この関係は図から簡単な幾何学で求めることができる。これを**スネルの法則**という。

　ここに述べたような二つの媒質の境界面での屈折現象は波長が短い数MHzの水中の超音波では観測される機会が多いが，身近な空気中の音波ではあまりなじみがないかもしれない。空気以外の身の回りの媒質は固体など空気と密度差が非常に大きく，比音響インピーダンスの違いが大きいものがほとんどだ。そのため，音波（縦波）としては空気から透過していきにくく，反射のほうが目立つこともその理由の一つであろう。空気と音速の異なるヘリウムガスを大きな風船につめて，周囲の空気との間で起こる音の屈折を観察する展示を博物館などで見ることができる。空気中の音波や水中の周波数の低い音のように波長の長い音波では，もっとスケールの大きなところで，しかも音速が連続的に

変化するような場合の屈折現象がある．例えば，地表からの高度による空気の温度変化のため音速は高度によって異なり，このことが音波伝搬に影響を与える．昼と夜とでは温度分布が異なるので音の伝わり方も昼と夜とで異なる．また，海中でも深度によって音速が異なるために独特の伝搬現象が起こる．

　光学レンズは同様な屈折現象を利用している．波長の短い超音波では同じ原理のレンズが用いられることがある．レンズ材料であるガラスの中では光の進む速度が空気中よりも小さいので凸レンズで光を集めることができる．しかし，水中超音波では，水の音速よりもガラスレンズ中の音速のほうが大きい．したがって凸レンズでは音が広がり，逆に凹レンズを用いると音を集めることができる．

　以上は縦波のことだけを考えた説明であったが，媒質が固体の場合は後述のように横波も伝える．入射波が縦波であっても境界面に斜めに入射すれば，境界に平行な振動成分が存在するので，固体中の透過波には縦波に加えて横波も発生する．これを**モード変換**と呼ぶ．横波も加わることで，境界面での音の振る舞いは複雑になる．ガラス板や板壁など薄い板状の物体に音が入射した場合には，**たわみ波**という横波が励振されやすい．これを介して壁の反対側に音が透過する現象が起きる．図 8.20 のように，入射してくる音波の腹や節と，励振されたたわみ波の腹や節が，ちょうど一致する角度で音波が入射すると，効率よくたわみ波が生じる．このときたわみ波が縦波音波を板の反対側に再放射するため，結果として音波が透過される状態になる．これを**コインシデンス効果**といい，建物の壁や窓ガラスの遮音性能を考える際の考慮項目となる．また，図 8.21 のように，液体から固体に音（超音波）を斜めに入射する場合に

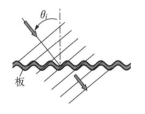

図 8.20　コインシデンス効果

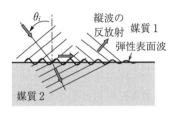

図 8.21　レイリー角

は，固体表面に伝搬する横波の一種である弾性表面波（レイリー波）を励振する角度があり，これをレイリー角と呼んでいる．この場合も弾性表面波から縦波が再放射される．再放射により弾性表面波はエネルギーを奪われ減衰してゆく．

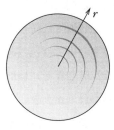

図 8.22 球 面 波

次に3次元的に伝わる音について，図 8.22 のように四方八方に均一に広がる場合を考える．このような音は波面が球面なので，これまで扱ってきた平面波に対して**球面波**と呼ばれる．球面波でも同じ音速で波面は進むので，位相に関しては式 (8.38) と同様である．しかし，波面の面積は中心からの距離 r の2乗に比例して大きくなるので，単位面積当りのエネルギーである音の強さは距離の2乗に反比例する．音圧は強さの平方根に比例するので，音圧 p の振幅は

$$p = \frac{B}{r}\cos(\omega t - \beta x) \tag{8.42}$$

と，$1/r$ に比例して小さくなる．これを**距離減衰**と呼んでいる．四方八方に均等に音を放射し，大きさが無視できるほど小さい音源を**点音源**という．

8.3～8.7 節では，音が1次元的に伝わる場合には拡散しないので減衰がないとして説明を行った．しかし，実際には距離減衰がなくとも音波は伝搬するうちに弱まってゆく．これは媒質である空気の運動に伴ってエネルギーが熱に変換されるために起こる減衰で**吸収減衰**と呼んでいる．吸収減衰には周波数依存性があり，周波数が高いほど大きな減衰をもつのが普通である．媒質によってはある特定の周波数で吸収が大きくなることがあるが，その周波数はたいてい超音波領域に存在する．また，でこぼこな境界面に沿って伝搬する場合や，水中に小さな気泡が多数分布する場合などは，散乱によって，伝搬してゆく音波の強さが低下することが起こる．これを**散乱減衰**と呼ぶことがある．

次に，有限の広さをもつ面からの音の放射を考えよう．このような音源は点音源が多数並んだものと見なすことができる．その個々の点音源からの音場の重ね合わせがその面から放射される音場を与えると考える．太鼓の皮でもス

ピーカの振動板でも振動するものは音源となる。したがって，**図 8.23** のように音源での振動分布 $U(x,y)$ がわかれば，音源上の各点を振幅 $U(x,y)$ の点波源とみなしてそれらの寄与をすべて重ね合わせたものが，音源から方向 θ，距離 R の位置での音圧を与える。

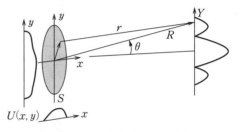

図 8.23 音源の形と放射音場の分布

このようにして遠方における方向による音圧の違いを見てみると**図 8.24** のようになる。これは矩形の面が均一にピストン振動している例である。音源の正面には強く音が出るが正面からずれると強弱を繰り返しながら弱くなることがわかる。このように方向によって音圧が変わることを**指向性**という。音源が大きいと正面への集中度が高いが，小さいと集中が弱く音は広がることがわかる。音源を極限まで小さくした点音源は四方八方に均一に音が出る**無指向性**である。図8.24 で音圧がゼロになる点があったり，強弱を繰り返すのは，音源の中央から出た音と周辺部から出た音がそこからの距離によって強めあったり弱めあったりするからである。ここでは音源が「大きい」「小さい」と抽象的ないい方をしたが，波長を基準にして大小を論じるべきである。すなわち，音源の寸法は同じでも，周波数を上げて波長を短くすれば，相対的に音源を大きくしたのと同じ効果があり，音は正面に集中して放射されるようになる。同じスピーカでも，低い音はどの方向でも同じように聞こえるのに，高音が脇では聞こえにくいのはこのためである。波長の短い超音波では小さな音源でも鋭い指向性をもち，サーチライトのように一方に集中して音を照射することができる。波長の 10 倍程度の直径の音源では角度 $10°$ くらいの範囲に音を集中できる。これは空中を伝わる 1 kHz の音を $10°$ 程度の範囲に集中させるには直径 3 m 以上の音源が必要であることを意味する。

このことは，音源ばかりではなく，パラボラ面などのおわん形の反射器で音を集めようとした場合も波長に比べて十分大きな面を準備しなければならない

8. 音 の 物 理

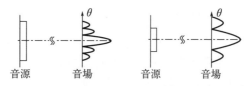

図 8.24 音源の大きさと音場分布の関係（●8-B）

ことを示している。反射面も2次的な波源の一種と考えることができるからだ。

壁などの障害物の陰に音源がある場合，音は壁の陰にも回り込む。**図 8.25** は床面に垂直に立った壁の左側に音源がある場合の音の伝搬の様子を計算し，ある瞬間の音圧の分布を表示したものである。壁の左側で壁と床からの反射波が干渉する様子，壁の右側の陰に回折してゆく様子がわかる。波長の長い低周波の場合のほうが広い角度に回折している。より波長の短い高周波にすれば光のように回り込みが少なくなる。以上のように伝搬のようすは波長によって決まる。

コラム 8.3　音 の 発 生

8.8節で述べたように，固体が振動すると周囲に音を放射する。人が声を出すときも声帯を振動させている。スピーカも振動板が振動するし，太鼓も皮の振動が音を出す。振動板や皮の振動が周囲の空気に伝わるからだ。弦を使った楽器は弦の振動が周囲の空気に直接伝わるのはわずかで，弦の振動が胴など楽器の面積の広い部分に伝わり，そこから空気中に音を伝える。一方，固体が振動しなくとも空気を直接動かして音が出る場合もある。手をたたくと，二つの手のひらの間から急速に空気が逃げる動きが音として周囲に伝わる。水面で泡がはじけて小さな音を出すのは，泡が壊れるときに噴き出す空気が周囲の空気を振動させるからだ。爆竹の音は火薬が急速に燃焼して周囲の空気を膨張させ，次の瞬間には冷えて急速に収縮するために空気の疎密が発生することによっている。雷の音も空気の急速な膨張・収縮によるものだ。空気の絶縁を破って大電流が流れる際に稲妻の周りで空気が急速に膨張する。このほかに，棒を空中で振ったときや風が狭いところに吹き込むときにも音が出る。これは物体の速い動きや空気の速い流れが周囲に空気の渦を作ることが原理になっている。この渦は発生消滅を繰り返すがその際に周囲の空気を振動させるのである。笛では，このような空気の渦による振動と笛の筒の共振とがたがいに作用して決まった高さの大きな音が出る。このように音が発生するいくつかのメカニズムがある。

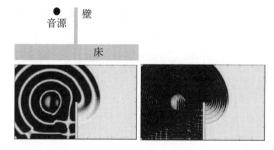

図 8.25 壁での回折（左は低周波の場合，右は高周波の場合）：色が濃いほど音圧が大きい。（💿8-D）（💿6-G）

8.9 固体中の振動

　これまで空気や水などの流体中の音について述べてきたが，ここでは固体中の音について考える．固体と流体との差は，圧縮変形に加えて流体中では伝えられない横方向の変形，すなわちずれ変形を伝える点である．このことより，固体中では縦波以外に横波も存在する．

　まず，固体の圧縮変形による振動についてみてゆく．**図 8.26** のように長さ x，断面積 S の棒の端に力 F を加えると Δx だけ長さが縮む．単位面積当りの力 F/S を応力といい，変形の割合 $\Delta x / x$ を歪みという．応力と歪みの比を**ヤング率**といい，E で表す．ヤング率は材料の硬さを表す弾性定数のひとつで，固体材料に対するばね定数ということができ，圧力と同じ次元を有する単位 Pa（パスカル）が用いられる．

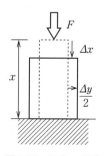

図 8.26 固体の変形

$$\frac{F}{S} = E \frac{\Delta x}{x} \tag{8.43}$$

このとき，力を加えた方向と直交する方向にも変形が生じ，棒は Δy だけ横に膨らむ．加えた力の方向の歪みと直交する方向の歪みの比を**ポアソン比**と呼ぶ．ポアソン比が存在することが固体の変形の特徴である．

コラム 8.2 の式（2）をみると空気の場合は γP_0 が弾性定数に相当する。式(8.20) に示されているように，弾性定数を密度で除したものの平方根が音の伝搬速度となる。これは音に限らず弾性波動に関する一般的な性質である。そこで，棒を伝わる縦波の伝搬速度は

$$c_0 = \sqrt{\frac{E}{\rho}} \tag{8.44}$$

とヤング率と密度で表せる。

細い棒に縦波が伝わる様子を示したのが**図 8.27** である。伝搬方向，すなわち棒の軸方向の伸び縮みのほかに横方向への変形も生じている。縦方向に縮んで密になったところは横に膨らみ，伸びて疎になったところは細くなっている。このような振動（音）が伝わる速度は式(8.44)で示されるものになる。縦波とはいったが，伝搬方向と直交方向にも変位があるため横波でもあるといえる。このように棒に伝わる縦波は純粋な縦波ではなく，横波を伴った縦波である。一方，固体が横方向に無限の広がりをもっていて横方向の変位が生じない場合の縦波は純粋な縦波となる。このような場合の固体は，横方向に動けない分，図 8.27 の場合よりも大きい弾性定数を示す。そのため，このような無限媒体中の純粋な縦波の伝搬速度 c_d は

$$c_d = \sqrt{\frac{1-\sigma}{(1-2\sigma)(1+\sigma)} \cdot \frac{E}{\rho}} \tag{8.45}$$

という値となり，細棒の縦波速度 c_0 よりも大きくなる。ここで，σ はポアソン比である。例えば鉄の棒を伝わる縦波速度は約 5 km/s であるが，純粋な縦波速度はこれより 15% ほど大きくなる。

次に，固体の**ずれ変形**（**せん断変形**ともいう）による振動についてみてゆこう。固体のずれ変形は**図 8.28** のように，下端を固定した長さ x の部分の先端

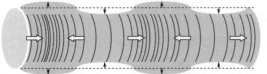

（横方向変形を強調してある。）

図 8.27 細棒を伝わる縦波

に力 F を横方向に加えた場合の横変位 Δy によって

$$\frac{F}{S} = G\frac{\Delta y}{x} \tag{8.46}$$

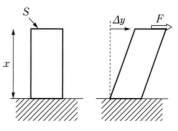

図 8.28　ずれ変形（せん断変形）

のように書ける．横方向の応力 F/S を**せん断応力**といい，横方向の変形率 $\Delta y/x$ を**せん断歪み**という．このとき，せん断応力とせん断歪みの比 G も一種の弾性定数である．この弾性定数 G を**剛性率**と呼んでおり

$$G = \frac{E}{2(1+\sigma)} \tag{8.47}$$

のようにヤング率とポアソン比で表される．この剛性率によって棒に伝わる横波のひとつに**図 8.29** に示すねじり波があり，雑巾を絞るような変形が伝わってゆく波となる．この横波は振動変位が棒の表面に平行であり，図 8.27 の横波成分が表面に垂直なのと対照的である．この波の伝搬速度は

$$c_t = \sqrt{\frac{G}{\rho}} = \sqrt{\frac{1}{2(1+\sigma)}} \cdot c_0 \tag{8.48}$$

となる．金属のポアソン比は 0.3 くらいであり，横波速度は細棒の縦波速度の約 6 割の大きさであることがわかる．

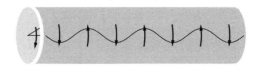

図 8.29　ねじり振動

　縦波のことを **P 波**，横波のことを **S 波**ということがあり，地震の波ではこの呼称が一般的な用語として用いられている．これは，速度の速い P 波は先に到着する波ということで Primary wave から P 波というわけである．2 番目に来るのは Secondary wave であるから S 波である．前述のように横波の S 波には境界面に垂直な波と平行な波があるが，前者を特に SV 波，後者を SH 波と呼ぶことがある．細棒の縦波は，前に述べたように，境界面に垂直な横波の

成分も有するので，P+SV 波とも呼ばれる。図 8.29 のねじり波は SH 波である。

縦波やねじり波の他に固体に起こりやすい振動として棒や板の**たわみ振動**（**たわみ波**）がある。これは，図 8.20 のコインシデンス効果で紹介したように，**図 8.30** に示すような棒や板のたわみ（曲げ）変形が伝搬する振動である。たわみ振動の解析は細い棒あるいは薄い板に対していくつかの近似を仮定して行われる。これまで見てきたように振動の解析は，弾性の式と慣性力の式によって成り立っている。たわみ振動も同様であるが，曲げに対する弾性と横方向（図 8.30 の y 方向）の運動に対する慣性力を考えて近似的に解かれる。逆にいうと，せん断変形に対するばね性や回転運動に対する慣性力の効果は無視することになる。これをベルヌイ・オイラーの近似と呼ぶ。すなわち，細い棒や薄い板であること，いいかえれば波長が長い（周波数が低い）ことが適用条件である。結果のみを述べると，たわみ波の進む速さ c_B は厚さ h や周波数 f に関係する。角棒の場合

$$c_B = \sqrt{2\pi f h}\left(\frac{E}{12\rho}\right)^{\frac{1}{4}} \tag{8.49}$$

となる。このように伝搬速度が周波数に依存する性質のことを一般に**分散性**と呼んでいる。式 (8.45) の示す純粋な縦波や式 (8.48) の SH 波では分散性がないことがわかる。細棒の縦波は横波成分を伴った P+SV 波であると述べたが，波長が棒の直径に比べて短く，つまり周波数がある程度高くなってくると分散性が現れる。一方，たわみ波は低周波でも分散性を示す波動である。もう一つのたわみ波の特徴は，式 (8.36) で示した正の方向に進む波と負の方向に進む波のほかに，伝搬せずにその場で振動し，その大きさが距離により指数関数的

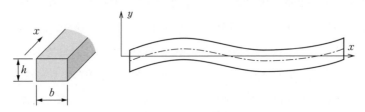

図 8.30 たわみ振動

に変化する成分も存在することである．したがって

$$V(x,t) = V_+ \cos(\omega t - \beta x) + V_- \cos(\omega t + \beta x) + V_1 e^{-\beta x} \cos \omega t + V_2 e^{\beta x} \cos \omega t$$

(8.50)

のように四つの項で表すことができる．第3，第4項の指数関数部分がたわみ振動特有の成分で，第1，第2項と違って，位置により位相が変わらない．この成分は数波長分離れるとすぐに小さくなるが，棒の端部では無視できない．

たわみ振動は横方向に振動するSV波であるが，じつは曲げによって伝搬方向にも変位するので縦波成分も有することになり，やはりP+SV波の仲間である．このように二つの直交する振動成分をもつ場合，ある一点の振動は2次元的な軌跡を描く．一方向に伝搬する進行波の場合には楕円軌跡となり，たわみ波やレイリー波では，楕円軌跡の回転方向は波の進行方向と逆になる．この楕円振動軌跡の応用に超音波モータがある（7.5節参照）．また，定在波のたわみ振動の場合には直線軌跡を描く．

固体振動の最後に，楽器などで重要な弦の振動について述べよう．線密度 g の弦を張力 T で張っている場合を考える．線密度とは弦の単位長さ当りの質量である．振動している弦の一部（長さ Δx）を切り取ってきたのが図 8.31 である．張力の大きさは一定で弦の接線方向に働くので，その y 方向分力の大きさは弦の傾きの大きさによって異なる．注目している Δx の部分に働く張力の y 方向分力は，傾きの大きい左側の T_{y1} のほうが右側の T_{y2} よりも大きく，下向きである．したがって，この部分には差し引き下向きの力が働く．つまり，

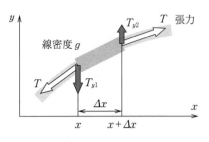

図 8.31 弦の振動

弦の変位を元に戻す力が働く．これは弦の傾きが正の場合であるが，傾きが負のときも考えてみると，同様に弦の変位を元に戻す方向の力が生じていることがわかる．これまで見てきた他の振動では弾性力が位置の復元を行ったが，弦の振動では張力が復元力となっており，伝搬速度 c_S は張力と線密度によって

定まり

$$c_S = \sqrt{\frac{T}{g}} \tag{8.51}$$

となる．張力が高いと伝搬速度が大きくなるのが弦の振動である．弦楽器で張力を調整して音程を調節するのはこのためである．

8.10 共振と固有モード

壁からの反射波がある場合にはこれが入射波と干渉することで進まない波，すなわち定在波が生じることはすでに述べた．ここでは反射面に挟まれた空間において，ある決まった周波数の音のみが存在する**共振**について述べる．**共鳴**も同じことを指す．

図8.32のように両端が閉じた長さlの管の中の音を考える．ここには右向きに進む音と左向きに進む音が存在し，その粒子速度は式(8.36)のように正弦関数で表される定在波となる．両端は壁で空気は動けないから，粒子速度が両端で0とならねばならない．管の左端（$x=0$）と右端（$x=l$）の粒子速度が0になるような正弦関数となることを考えれば

$$\lambda = 2l, l, \frac{2}{3}l, \cdots \tag{8.52}$$

のように，管長が半波長の整数倍である必要がある．このことを周波数でみれば，音速をcとして

$$f = \frac{c}{2l}, \frac{c}{l}, \frac{3c}{2l}, \cdots \tag{8.53}$$

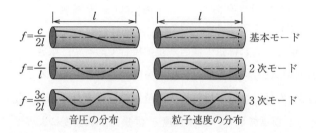

図8.32 両端を閉じた管内の固有モード

と整数倍の周波数となる。これらの周波数を共振周波数（**固有周波数**ともいう）といい，それに対応する図のような音圧または粒子速度の分布を**固有モード**（**共振モード**）と呼ぶ。最も周波数の低いものを**基本モード**，2番目以降を**高次モード**と呼んでいる。粒子速度の値が0の場所を節といい，大きさが極大の場所を腹という。ここで注意したいのは，音圧は両端で大きくなること，したがって余弦関数で表されることである。つまり，粒子速度分布と音圧分布では節と腹が入れ替わったものになり，粒子速度で表示されているのか音圧で表示されているのかをはっきりする必要がある。なお，両端を開いた場合の固有モードのようすを**図8.33**に示した。この場合は両端で空気の動きが最大になっている。このため音圧と粒子速度の関係が図8.32と反対になっている。

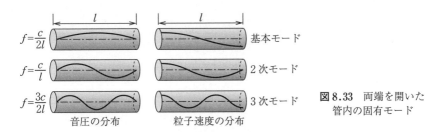

図8.33 両端を開いた管内の固有モード

　このような管の中の音波の共振は**気柱の共鳴**として理科や物理の教科書でもおなじみの現象である。これは1次元の共振であるが，部屋などの3次元的な空間では3次元的な分布を有する固有モードと共振周波数が存在する。

　固体の振動でも同様に固有モードとそれに対応する共振周波数が存在する。両端が固定された弦はギターなどの楽器に用いられている。この場合にも，管の中の音波の共振と同様に式 (8.52)，式 (8.53) で表される固有モードが存在する。基本モードは基本波を，その整数倍の高次モードは倍音を発生する。また，周辺を固定した正方形の膜には**図8.34**のような固有モードが存在する。2次元であるので，x, yそれぞれの方向に定在波が生じている様子がわかる。一般に，x方向にm次，y方向にn次の固有モードを**m-nモード**と表現する。1-2モードと2-1モードは同じ形だが分布が90°回転しており区別して考える。形状は区別できるが同じ共振周波数をもつ。このように同じ共振周波数を

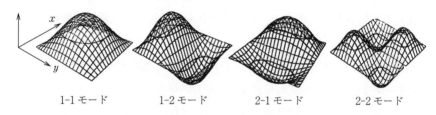

図 8.34 周辺固定の矩形振動膜の固有モード

もつものを**縮退モード**と呼んでいる。形状が複雑になれば共振周波数や固有モードの性質も複雑になるので，コンピュータを用いた数値計算が用いられている。

さらに勉強したい人のために

1) 日本音響学会編：音の物理，コロナ社（2010）
2) 恒藤敏彦：弾性体と流体，岩波書店（1986）
3) 日本音響学会編：基礎音響学，コロナ社（2019）

9 音のディジタル信号処理

　あらゆる波は三角関数の組合せで表現（分解・合成）することができる。ある波動が，どんな三角関数の組合せで構成されているかを周波数スペクトルという。時間波形と周波数スペクトルとは，フーリエ変換を用いて相互に行き来できる。そのため，波を周波数スペクトルの世界で取り扱うことは古くから普通のことであった。音も例外ではない。

　コンピュータの発達は，もともとはアナログな世界の波動現象である音を，ディジタルの世界で取り扱うことを可能にした。それを支えるのが，A-D 変換，D-A 変換と，ディジタル信号処理である。ディジタルの世界で音信号処理を行うことは，1960 年代ころから広く行われるようになっていった。

　フーリエ変換の計算は，当時のコンピュータにはきわめて重い仕事であった。その中で，1960 年代の半ば，クーリーとテューキーが，フーリエ変換をはるかに少ない手間で計算するアルゴリズム（高速フーリエ変換，FFT）を発表すると，ディジタル信号処理は音響学の世界に急速に浸透した。

　その結果，ディジタル信号処理は，現代の音響学を支えるきわめて強力な手だてとなり，いまや物理学と合わせ，音響学に必須の素養となった。この章では，音響学に関連したディジタル信号処理の基礎を体系的に説明していこう。

9.1 アナログ・ディジタル変換とディジタル・アナログ変換

　空気中を伝搬する音の変化は，連続的な量，いわゆる**アナログ量**である。これに対して，飛び飛びの値しか取らない量が**ディジタル量**である。例として，時計を考えてみよう。普通の時計には，針で時間を示す時計（アナログ時計）と数字で時間を表現する時計（ディジタル時計）がある。後者は一定の間隔で時間を表現しており，表示のうえでは「3時10分と3時11分の間」という時間は考慮されない。このように数字で表現された時間は，ディジタル量の一つといえる。ディジタル信号処理では，このようにアナログ量である音圧を数字に変換することが必須である。

　音圧の変化を電気信号に変換する機器はマイクロフォンである。3.1節で述べたように，マイクロフォンは空気中の微小な圧力変化を電圧の変化に変換する。これを記録・処理するために，アナログ量の電圧をさらにディジタル量に変換する。これを**アナログ・ディジタル変換（A-D変換）**といい，アナログ・ディジタル変換器（A-Dコンバータ）で行う。音をディジタル化することにより，記録時の品質の劣化を避けたり，効率的に情報量（データ量）を圧縮したりするなどさまざまな信号処理が可能となる。

　アナログ・ディジタル変換には，いくつかの方法がある。パルス符号変調（**PCM**：pulse code modulation）による変換では，二つの決めごとによりアナログ量をディジタル量に変換する。

　一つ目は電圧を時間的に飛び飛びの値だけで表すこと（**標本化，サンプリング**）である。その間隔は標本化周期といい，その逆数が**標本化周波数（サンプリング周波数）**である。**図9.1**（a）は，時間幅Δt間隔で標本化を行った例である。この過程では，まずある時刻における電圧を標本化する。そして，Δt進んだ時刻でまた標本化を行う。これを繰り返すことで，信号全体の標本化を行う。

　二つ目は，電圧を数値で表すこと（**量子化**）である。この数値をどの程度きめ細かく表現するかを決定するのが量子化精度である。図（b）は4ビット

9.1 アナログ・ディジタル変換とディジタル・アナログ変換

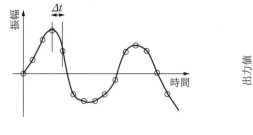
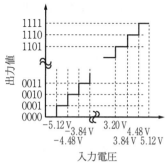

（a）アナログ信号を時間間隔Δtで標本化する例　　（b）アナログ量を4ビットで量子化する例

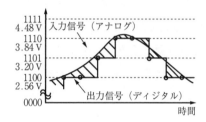

（c）量子化雑音の例（斜線部が量子化雑音になる）

図9.1　標　本　化

（$=2^4$）で電圧を量子化した例である。アナログ入力が$-5.12\,\mathrm{V}$から$+5.12\,\mathrm{V}$の$10.24\,\mathrm{V}$の幅をもつ場合，この幅を4ビットで量子化すると2^4（$=16$）個に分割することになる。すなわち，$-5.12\,\mathrm{V}$から，$0.64\,\mathrm{V}$（$=10.24\,\mathrm{V}/2^4$）ごとの電圧に置き換えられ，その電圧に対応する0〜15（2進数で0000〜1111）の離散値が出力される。もともと連続な値を飛び飛びの数字に置き換えるので，実際の電圧と変換された電圧には差が生じる。図（c）に示すように，入力電圧が量子化精度に基づくディジタル値に置き換えられるため，図中の斜線部のように実際の入力電圧と変換値にズレが生じる。このズレを**量子化誤差**と呼ぶ。また，量子化されたディジタル値をアナログの信号に戻したときに，元の信号との差が雑音となる。これを**量子化雑音**という（🔊9-A）。

A-D変換を行う際，元の信号に含まれる信号の周波数と，標本化周波数f_sには重要な関係がある。シャノンの**標本化定理**によれば，標本化周波数に対し

て半分以下の周波数の成分しか元の信号に含まれていない場合には，標本化した信号から元の信号を完全に復元することができる。逆に，標本化周波数の半分よりも高い周波数成分を含む信号は，標本化すると元に戻せなくなる場合がある。この標本化周波数の半分の周波数を**ナイキスト周波数**という。**図9.2**に周波数を横軸とした標本化した信号成分の様子を示す。図9.2（b）からわかるように，標本化された信号の周波数スペクトルは nf_s（n は自然数）を単位として無限に繰り返される。また，$\frac{1}{2}f_s$ を中心に本来の信号成分の折り返しが生じる。ここで，**図9.3**のように入力信号が標本化周波数より高い周波数成分をもつ信号を標本化すると，**図9.4**のよう折り返しが生じることにより，本来の信号成分に影響を与えてしまう。このような周波数スペクトルの折り返しによる信号の変化を**折り返し歪み**（エイリアシング）という（🔘9-B）。この折り返し歪みの影響を避けるために，A-D変換器の前に低域通過フィルタを通し，入力信号に含まれるナイキスト周波数以上の周波数成分を影響のない

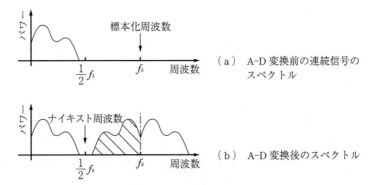

図9.2 原信号のスペクトルとA-D変換後のスペクトル
（入力信号の周波数成分が標本化周波数以下の場合）

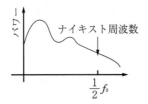

図9.3 ナイキスト周波数より高い信号成分がある信号のスペクトル

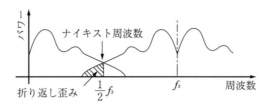

図 9.4 折り返し歪みが生じている様子

コラム 9.1　1 ビットで細かく AD–DA 変換を実現する !?

　PCM による AD-DA 変換は，ビット数が多いほどきめ細かく量子化できる。逆に時間を細かく取り 1 ビットで量子化して，AD-DA 変換を行う方法もある。

　ここでは **1 ビット AD-DA 変換**として代表的な**デルタ・シグマ変調**について説明する。デルタは任意の二つの時刻の間での電圧変化量に相当する微分を，シグマは任意の二つの時刻の間の電圧をすべて加算することに相当する積分を意味する。いくつかの A-D 変換は図 9.1（a）（b）に示したような一定の時間間隔で離散値に対応した電圧と比較されることによりディジタル値に変換されるが，デルタ・シグマ変調では入力電圧の変化量を刻々と符号化する。この標本化周波数に対応する時間を刻む間隔（標本化周期）を短くすると微小な変化量をとらえることができる。Super Audio CD（5.4.3 項参照）では，この標本化周波数は 2.822 4 MHz である。PCM 方式の量子化雑音が全周波数帯域に一様に分布するのに対して，1 ビット A-D 変換の量子化雑音は人の可聴域よりもはるかに高い周波数で発生する。これをディジタルフィルタで除去することによりディジタル信号を変換することができる。図はこのデルタ・シグマ変調の仕組みを示した図である。なお，D-A 変換はディジタル信号をより高い周波数であらためて標本化し，高周波数帯域に量子化雑音を追いやったうえで，低域通過フィルタを通せばよい。

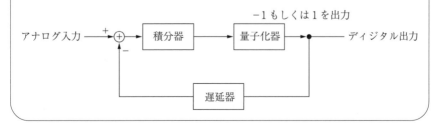

レベルまで低減してから標本化する必要がある。

次に，ディジタル信号からアナログ信号へ変換する方法を述べる。**図9.5** の左側に示すように，ディジタル信号を**ディジタル・アナログ（D-A）変換**器により出力すると階段状の量子化された信号が出力される。この階段状の信号は，元の信号に含まれていなかった高い周波数成分を含んでいる。そこで，D-A変換器の後段にスムージングフィルタと呼ばれる低域通過フィルタを用いて，D-A変換によって生じた高周波成分を取り除き，図9.5の右側のようなアナログ信号を得る。

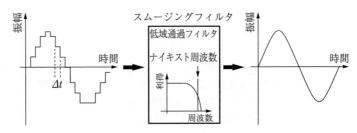

図9.5 D-A変換におけるスムージングフィルタの役割

9.2 離散フーリエ変換

音圧の変化は時間とともに変化する時間領域の信号である。その信号に含まれる周期的な波を分析することで，時間領域ではわかりづらい特徴をとらえやすくなる。周期に着目することは，周波数という概念で信号成分を解析することになる。周波数領域で信号を解析すると，低い周波数の音，高い周波数の音の成分がどのように分布しているかが一目でわかる。このように，時間領域での表現にあわせて，周波数領域で信号を表現することは，適切な信号処理を行う際にきわめて重要である。また，周波数領域で表現する利点は多く，例えば特定の周波数成分のみを増幅したり，減衰させたりすることも容易にできる。ここで述べたように，時間領域の信号を周波数領域に変換することは分析において重要であるのみならず，信号の加工においても重要である。逆に周波数領

9.2 離散フーリエ変換　　211

域で加工した信号を時間領域の信号に変換するには，周波数から時間領域への変換の概念も重要である。

　ここでは，ディジタル信号処理で時間・周波数領域を行き来する際に用いられる**高速フーリエ変換**について述べる。まず，高速フーリエ変換の基礎となる**フーリエ級数**およびそれの複素指数関数による表現について説明し，次に高速フーリエ変換について解説する。

9.2.1　フーリエ級数

　まず，連続時間における周期信号を取り扱うことを考える。周期が T 〔s〕である正弦波信号は，振幅と時刻 0 における位相（初期位相）を考慮すると，正弦(サイン, sin)関数と余弦(コサイン, cos)関数を用いて次のように表される。

$$x(t) = a_1 \cos\left(2\pi \frac{1}{T}t\right) + b_1 \sin\left(2\pi \frac{1}{T}t\right) = \sqrt{a_1{}^2 + b_1{}^2} \cos\left(\frac{2\pi t}{T} - \theta_1\right) \quad (9.1)$$

この式における信号の振幅は $\sqrt{a_1{}^2 + b_1{}^2}$，θ_1 は初期位相を表し，a_1 と b_1 によって決まる角度（位相角）である。また，この信号の周波数は $f_0 = 1/T$〔Hz〕である。次に，周期が T〔s〕である一般の信号について考えてみよう。このような信号は，振動をしない成分（直流成分）と，$1/T = f_0$〔Hz〕の整数倍の周波数をもつ正弦波成分の重ね合わせで表現できることが知られている。すなわち，周期 T の時間信号 $x(t)$ は次のような無限級数の式で表現できる。

$$x(t) = a_0 + \lim_{n \to \infty}\left\{a_1 \cos\left(2\pi\frac{1}{T}t\right) + a_2 \cos\left(2\pi\frac{2}{T}t\right) + \cdots + a_n \cos\left(2\pi\frac{n}{T}t\right)\right\}$$

$$+ \lim_{n \to \infty}\left\{b_1 \sin\left(2\pi\frac{1}{T}t\right) + b_2 \sin\left(2\pi\frac{2}{T}t\right) + \cdots + b_n \sin\left(2\pi\frac{n}{T}t\right)\right\} \quad (9.2)$$

$$= a_0 + \sum_{n=1}^{\infty} a_n \cos\left(2\pi\frac{n}{T}t\right) + \sum_{n=1}^{\infty} b_n \sin\left(2\pi\frac{n}{T}t\right)$$

ここで，Σ は，離散値 $n = 1, 2, \cdots$ の総和を意味する。基本周波数 f_0〔Hz〕を用いて式 (9.2) を表現すると次式となる。

$$x(t) = a_0 + \lim_{n\to\infty}\{a_1\cos(2\pi f_0 t) + a_2\cos(4\pi f_0 t) + \cdots + a_n\cos(2\pi n f_0 t)\}$$
$$+ \lim_{n\to\infty}\{b_1\sin(2\pi f_0 t) + b_2\sin(4\pi f_0 t) + \cdots + b_n\sin(2\pi n f_0 t)\} \quad (9.3)$$
$$= a_0 + \sum_{n=1}^{\infty} a_n\cos(2\pi n f_0 t) + \sum_{n=1}^{\infty} b_n\sin(2\pi n f_0 t)$$

このように,周期信号 $x(t)$ を直流成分と sin, cos の和で表現したもの を**フーリエ級数**という。また,式中の係数 a_n, b_n を**フーリエ係数**といい,周波数 nf_0〔Hz〕の周波数成分の大きさを示す値になる。

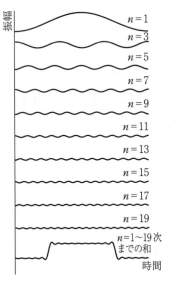

図 9.6 高調波の加算による矩形波の合成

このように,複数の sin と cos の和によって表した例を**図 9.6**に示す。図中の一番上の波形は, $n=1$ の場合,すなわち基本周波成分である。n の値が増えるにつれ,周波数が高くなるのがわかる。一番下の波形は, $n=1$〜19 までの奇数次高調波をすべて加算した波形であり,矩形波に近づいていることがみてとれる(🔊9-C)。

ここまでは,複数の sin, cos とフーリエ係数を使って周期信号 $x(t)$ を表現する方法,すなわち周波数成分を時間信号に変換する方法について述べた。逆に, $x(t)$ からフーリエ級数を求めることができれば,それは $x(t)$ に含まれる特定の周波数成分の振幅および位相を求めることを意味する。すなわち,時間領域の信号を周波数領域に変換することが可能になる。

連続時間における周期 T〔s〕の信号から,ある周波数での振幅および位相を求めることを考える。これは,周期信号を用いて a_n と b_n を表現できればよい。具体的には,信号を $x(t)$ とし,連続時間での積分 $\int$ を用いて,次の式(9.4)でフーリエ係数が求まる。

$$a_0 = \frac{1}{T}\int_0^T x(t)dt$$

$$a_n = \frac{2}{T}\int_0^T x(t)\cos\left(2\pi\frac{n}{T}t\right)dt \qquad (9.4)$$

$$b_n = \frac{2}{T}\int_0^T x(t)\sin\left(2\pi\frac{n}{T}t\right)dt$$

ここで，式 (9.4) は連続時間での信号 $x(t)$ と $\sin$ もしくは $\cos$ の積を任意の区間で加算することを意味する。振幅 $\sqrt{a_n^2 + b_n^2}$ と位相 θ_n を用いると，式 (9.2) は下記のようになる。

$$\begin{aligned}
x(t) &= a_0 + \sum_{n=1}^{\infty}\left\{a_n\cos\left(2\pi\frac{n}{T}t\right) + b_n\sin\left(2\pi\frac{n}{T}t\right)\right\} \\
&= a_0 + \sum_{n=1}^{\infty}\sqrt{a_n^2 + b_n^2}\cos\left(\frac{2\pi nt}{T} - \theta_n\right)
\end{aligned} \qquad (9.5)$$

ここまで述べたフーリエ級数を複素数で表現するのが**複素フーリエ級数**である。複素フーリエ級数は，次のように求めることができる。**オイラーの公式** $e^{ix} = \cos\theta + i\sin\theta$（付録 2）を用いると，$\sin, \cos$ は

$$\cos\theta = \frac{1}{2}(e^{i\theta} + e^{-i\theta})$$

$$\sin\theta = \frac{1}{2i}(e^{i\theta} - e^{-i\theta}) \qquad (9.6)$$

と表せる。

これを用いて，式 (9.2) は

$$\begin{aligned}
x(t) &= a_0 + \sum_{n=1}^{\infty}a_n\cos\left(2\pi\frac{n}{T}t\right) + \sum_{n=1}^{\infty}b_n\sin\left(2\pi\frac{n}{T}t\right) \\
&= a_0 + \sum_{n=1}^{\infty}\left\{a_n\cos\left(2\pi\frac{n}{T}t\right) + b_n\sin\left(2\pi\frac{n}{T}t\right)\right\} \\
&= a_0 + \sum_{n=1}^{\infty}\left\{\frac{a_n - ib_n}{2}e^{i2\pi\frac{n}{T}t} + \frac{a_n + ib_n}{2}e^{-i2\pi\frac{n}{T}t}\right\}
\end{aligned} \qquad (9.7)$$

となる。ここで

$$X_n = \frac{a_n - ib_n}{2}, \quad X_{-n} = \frac{a_n + ib_n}{2}, \quad X_0 = a_0 \qquad (9.8)$$

とおくと

$$x(t) = \sum_{n=-\infty}^{\infty} X_n e^{i2\pi \frac{n}{T}t} \tag{9.9}$$

となる．なお，X_n を求めるには式 (9.4) と同じ考えに基づく次式を求めればよい．

$$X_n = \frac{1}{T} \int_{-T/2}^{T/2} x(t) e^{-i2\pi \frac{n}{T}t} dt \tag{9.10}$$

式 (9.10) の n/T が周波数に対応し，この周波数における振幅は $|X_n|$，パワーは $|X_n|^2$ である．n を変化させて得られた振幅およびパワーの変化は，各々**振幅スペクトル**，**パワースペクトル**と呼ばれる．

フーリエ級数を複素数で表現することにより，よいことが二つある．一つめは，級数の式が簡潔になることである．式 (9.2) や (9.5) では cos と sin の両方が必要だったのに対して，複素フーリエ級数では複素指数関数 $e^{-i2\pi \frac{n}{T}t}$ の和だけで表現でき，簡潔である．二つめは，ある周波数成分の大きさと位相が両方とも一つの係数 X_n に含まれることである．式 (9.2) のフーリエ級数だと，ある周波数成分の振幅と位相は a_n, b_n という二つの係数から求める必要があった．これに対して複素フーリエ級数では，周波数成分の振幅は複素フーリエ係数 X_n の絶対値であり，位相は同じく X_n の偏角である．

フーリエ級数の例を見てみよう．**図 9.7**（a）のような，振幅 A，周期 T，$x(t)=1$ の幅が W の矩形波のフーリエ級数は次式 (9.11) となる．

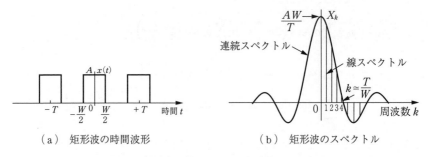

（a）矩形波の時間波形　　　　（b）矩形波のスペクトル

図 9.7 矩形波の線スペクトルと連続スペクトル

$$X_n = \frac{1}{T}\int_{-T/2}^{T/2}x(t)e^{-i2\pi\frac{n}{T}t}dt = \frac{1}{T}\int_{-WT/2}^{W/2}Ae^{-i2\pi\frac{n}{T}t}dt$$

$$= \frac{A}{T}\frac{1}{-i2\pi n/T}(e^{-i\pi nW/T} - e^{i\pi nW/T}) \tag{9.11}$$

$$= \frac{AW}{T}\frac{\sin\dfrac{\pi nW}{T}}{\dfrac{\pi nW}{T}}$$

n/T を周波数と解釈すれば，図（b）に示すように，X_n は周波数間隔 $1/T$ ごとに存在する周波数スペクトルの振幅および位相を表す。これを**線スペクトル**という。式（9.10）の周期 T〔s〕を長くすると周波数間隔 $1/T$ は小さくなるため，T を限りなく大きくすると周波数間隔がきわめて小さいスペクトルが得られ，極限においてはあらゆる周波数で振幅と位相が定義される。これを**連続スペクトル**という。矩形波の連続スペクトルは図（b）に示される包絡線の形状である。

9.2.2 フーリエ級数の離散化

　フーリエ級数を使えば，連続時間領域での周期信号を周波数領域に変換し，また，その逆に周波数領域から時間領域に変換することが可能である。しかし，ここまでの話は連続関数の話であり，ディジタル信号処理で扱う時間的に離散化された信号にはそのまま適用できない。そこで，前節に詳細に述べた式を基礎とし，離散化された信号への適用を考えていこう。

　まず，標本化周期 T_s〔s〕で周期 NT_s（N は整数）の周期関数を $\tilde{x}(t)$ とした場合，デルタ関数 $\delta(t)$ を使うと

$$\tilde{x}(t) = \sum_{n=0}^{N-1}T_sx(nT_s)\delta(t-nT_s) \tag{9.12}$$

と表現できる。$\delta(t)$ は時刻 $t \neq 0$ では 0 であり，かつ

$$\int_{-\infty}^{\infty}\delta(t)dt = 1 \tag{9.13}$$

となる性質をもつ特殊な関数（**ディラックのデルタ関数**）である。そのため，

216　　9. 音のディジタル信号処理

この関数は，ある時間の値だけを取り出すための役割をもつ。この左辺の $\tilde{x}(t)$ は，いかなる時間 t に関しても値をもつ関数である。$\tilde{x}(t)$ は，右辺の $\delta(t)$ の働きによって，時刻 nT_s 〔s〕以外ではつねにゼロになり，nT_s 〔s〕では $T_s x(nT_s)$ $\delta(0)$ をもつ。すなわち，この数式は標本化を行っている数式表現である。

ここで，$\tilde{x}(t)$ に対する複素フーリエ級数を求めてみよう。複素フーリエ係数は式 (9.10) の

$$X_n = \frac{1}{T}\int_{-T/2}^{T/2} x(t)e^{-i2\pi\frac{n}{T}t}dt \tag{9.14}$$

であり，これに先の式 (9.12) の信号 $\tilde{x}(t)$ を代入すると離散信号による複素フーリエ係数が求まり，それは

$$
\begin{aligned}
X_k &= \frac{1}{NT_s}\int_0^{NT_s}\tilde{x}(t)e^{-i2\pi\frac{k}{NT_s}t}dt \\
&= \frac{1}{NT_s}\int_0^{NT_s}\sum_{n=0}^{N-1}T_s x(nT_s)\delta(t-nT_s)e^{-i2\pi\frac{k}{NT_s}t}dt \\
&= \frac{1}{N}\sum_{n=0}^{N-1}x(nT_s)\int_0^{NT_s}\delta(t-nT_s)e^{-i2\pi\frac{k}{NT_s}t}dt
\end{aligned}
\tag{9.15}
$$

となる。ここで，デルタ関数の性質を用いると

$$
\begin{aligned}
X_k &= \frac{1}{N}\sum_{n=0}^{N-1}x(nT_s)e^{-i2\pi\frac{k}{NT_s}nT_s} \\
&= \frac{1}{N}\sum_{n=0}^{N-1}x(nT_s)e^{-i2\pi\frac{k}{N}n}
\end{aligned}
\tag{9.16}
$$

となる。これが，複素フーリエ級数に離散信号を適用した結果である。

逆に，複素フーリエ係数 X_k から信号 $x(nT_s)$ を求めると

$$x(nT_s) = \sum_{k=0}^{N-1}X_k e^{i2\pi\frac{k}{N}n} \tag{9.17}$$

になる。

ここで式 (9.16) の $1/N$ は，式 (9.16) と式 (9.17) の演算を繰り返しても振幅が保たれるようにするもので正規化係数という。そのため，これら2式のどちらに付してもよく，両方に $1/\sqrt{N}$ を付しても構わない。

以上の2式より，「離散周期信号の時間領域から周波数領域へ」，逆に「周波

数領域から時間領域へ」の変換が可能となった.これを**離散フーリエ変換・逆離散フーリエ変換**といい,信号処理の分野では通常下記のように定義される.

離散フーリエ変換:

$$X_k = \frac{1}{N}\sum_{n=0}^{N-1} x(nT_s)e^{-i2\pi\frac{k}{N}n} \tag{9.18}$$

逆離散フーリエ変換:

$$x(nT_s) = x_n = \frac{1}{N}\sum_{k=0}^{N-1} X_k e^{i2\pi\frac{k}{N}n} \tag{9.19}$$

また,フーリエ変換は線形性をもつ.すなわち,$z_n = x_n + y_n$ のとき,そのフーリエ変換について $Z_k = X_k + Y_k$ が成り立つ.

このような離散信号のフーリエ変換が定式化されたことにより,離散時間信号の周波数領域への変換とその逆も可能となり,ディジタル信号への適用が可能となった.

次に,この離散フーリエ変換の演算量を考える.ここで,$W = e^{-i\frac{2\pi}{N}}$ とすると,式 (9.17) は

$$X_k = \sum_{n=0}^{N-1} x_n W^{kn} \tag{9.20}$$

となる.この W は,横軸を実部,縦軸を虚部とすると単位円を N 等分した点の値をとる.これを**回転因子**といい,$N=8$ の場合は**図 9.8** に示すような分布になる.一般に N 次の離散フーリエ変換の演算量は,N^2 回の複素乗算と $N(N-1)$ 回の複素加算となる.したがって,計算量はおおむね N^2 に比例することになる.

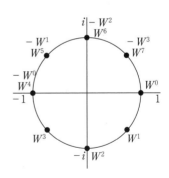

図 9.8 W^n の分布 ($N=8$)

9.2.3 高速フーリエ変換

式 (9.18) の離散フーリエ変換および式 (9.19) の逆離散フーリエ変換の計算では,同じ計算が幾度か繰り返されている.この特徴をうまく利用して,離

218   9. 音のディジタル信号処理

散フーリエ変換の計算量を減らすことができる。図9.8からわかるように $W^4 = -W^0$, $W^5 = -W^1$, $W^6 = -W^2$, $W^7 = -W^3$ のように重複がある。クーリーとテューキーは，これを一般化した $W^{n+N/2} = -W^n$ を極限まで適用し演算量を減らした**高速フーリエ変換**（**FFT**：fast Fourier transform）を発明した。式 (9.20) では複素乗算は $N \times N$ 回の計算であったが，高速フーリエ変換では，データ点数が N のときに乗算の回数は $N \log N$ になる。例えば，$N = 1\,024$ の場合はフーリエ変換では約 100 万回であるが，高速フーリエ変換では，ほぼ 1 万回となり，約 $1/100$ の演算量で済む。

ここで，係数の特徴を考慮したフーリエ変換は次のように表現できる。$W_N = e^{-i\frac{2\pi}{N}}$ と表すとすると

$$X_k = \sum_{n=0}^{N-1} x_n W_N^{kn} = \sum_{r=0}^{\frac{N}{2}-1} x_{2r} W_{\frac{N}{2}}^{2rk} + W_N^k \sum_{r=0}^{\frac{N}{2}-1} x_{2r+1} W_{\frac{N}{2}}^{(2r+1)k} \tag{9.21}$$
$$= B_p + C_p W_N^k$$

ただし，$B_p = \sum_{r=0}^{\frac{N}{2}-1} x_{2r} W_{\frac{N}{2}}^{2rk}$, $C_p = \sum_{r=0}^{\frac{N}{2}-1} x_{2r+1} W_{\frac{N}{2}}^{(2r+1)k}$ である。

これを $N = 8$ の場合について，具体的に考えると

$$
\begin{aligned}
X_0 &= B_0 + C_0 W_8^0 \\
X_1 &= B_1 + C_1 W_8^1 \\
X_2 &= B_2 + C_2 W_8^2 \\
X_3 &= B_3 + C_3 W_8^3 \\
X_4 &= B_0 - C_0 W_8^0 \\
X_5 &= B_1 - C_1 W_8^1 \\
X_6 &= B_2 - C_2 W_8^2 \\
X_7 &= B_3 - C_3 W_8^3
\end{aligned}
\tag{9.22}
$$

と整理できる。X_0 での積 $C_0 W_8^0$ は X_4 にもあり，積演算の結果をそのまま利用できる。このように $X_0 \sim X_3$ における積演算の結果を $X_4 \sim X_7$ に用いることに

より積演算量を半分にすることができる。これを極限まで効率化したものが高速フーリエ変換である。

式 (9.21) は，$X_k = B_p + C_p W_N^k$ と $X_{k+N/2} = B_p - C_p W_N^k$ にまとめることができる。これを模式化にすると**図 9.9** になる。これは，斜線と平行線の組み合わせが蝶のような形状をしており，その形状から**バタフライ演算**といわれる。これを組み合わせることにより，高速フーリエ変換は**図 9.10** のように整理できる。詳細は，音響入門シリーズ「ディジタルフーリエ解析」（Ⅰ），（Ⅱ）を参照するとよい。

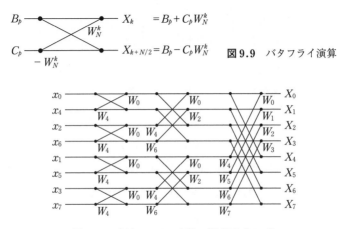

図 9.9 バタフライ演算

図 9.10 高速フーリエ変換の概略図（$N=8$）

9.3 窓 関 数

離散フーリエ変換は，厳密にはデータ点数 N ごとに同じ信号を繰り返す周期性をもつ信号にのみ利用できる。しかし，分析対象が N 点の周期信号でない場合は，前処理として事前に N 点の周期信号にすることにより離散フーリエ変換を適用することが可能になる。

まず，不連続となる信号の例を**図 9.11** と**図 9.12** で眺めよう。図 9.11 に示す周期信号に離散フーリエ変換を施す場合，分析のデータ点数 N が信号の周

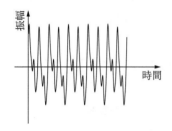

期の整数倍でないと図9.12のように不連続点が生じ，それが原因で本来存在しない周波数成分が分析結果に現れる。このような不連続が生じる信号に対し，なるべく合理的な値を得るために**窓掛け処理**と呼ばれる前処理が必要となる。

図 9.11 周 期 信 号

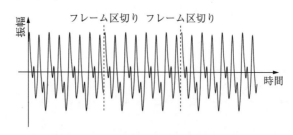

図 9.12 フレーム区切りで不連続点が生じる例

最も基本的な窓関数は，原信号を変形させない**矩形窓**である。**図 9.13**（a）は矩形窓の時間波形である。これを用いた窓掛け処理は，単純に時系列信号を切り出すことになり，図9.12と同じになる。窓長と周期が一致した場合は理想的であるが，それを満たさない場合は副作用がある。図9.13（b）に矩形

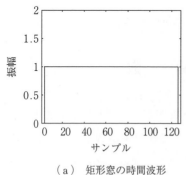

（a） 矩形窓の時間波形
（$N=128$）

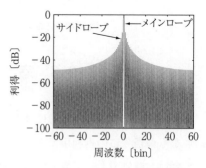

（b） 矩形窓の周波数特性

$$w(x) = 1 \quad if \quad 0 \leq x \leq N-1$$

図 9.13 矩形窓の形状と周波数特性

窓の周波数特性を示す。図中の中央のピークは**メインローブ**（主成分）といわれ，この領域が狭いことは，周波数成分の抽出精度が優れていることを意味する。主成分以外の成分を示す低いピークは**サイドローブ**といわれ，こちらは，できるだけ振幅が小さいことが望まれる。矩形窓では，メインローブが狭いため周波数分解能は高いが，サイドローブがメインローブに対して十分に小さくないことが読み取れる。

上述のように，矩形窓は，窓長が信号周期の整数倍でない場合に不連続性を生じさせてしまう。そこで，窓の両端でゼロ近傍に収束させるよう，例えば図9.15（a）のように，両端で0または小さな値を取る窓を適用し，これにより擬似的に窓長での周期性をつくる。すなわち，図9.12の不連続が生じる信号に，このような窓掛け処理を行うと**図9.14**のように連続性のある信号になる。

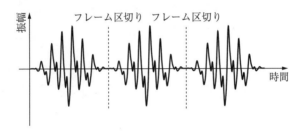

図9.14　窓掛け処理によって不連続がなくなる例

ただし，窓掛け処理により信号の周期性をつくるために時間領域の信号を加工したため，用いた窓関数の特性が周波数領域に現れることに注意する必要がある。

実際によく使われる窓関数は，**ハニング窓**（ハン窓），**ハミング窓**，**ブラックマン窓**である。各々の時間領域での形状と周波数特性を図9.15～9.17に示す。**図9.15**のハニング窓（ハン窓）は，メインローブ（主成分）の周波数分解能は高くないが，サイドローブが小さい。**図9.16**のハミング窓はハニング窓よりメインローブが狭く周波数分解能がよいため，近接した周波数成分をもつ信号を分析・分離することに向いている。一方，サイドローブが大きいため，振幅の小さい信号の分析ができない。**図9.17**のブラックマン窓は，メインローブの周波数分解能が悪いがサイドローブが小さいため，小さな振幅の信

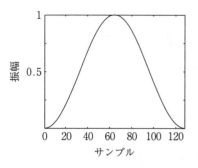 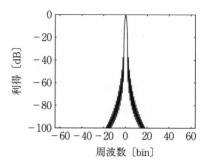

$$w_n = 0.5 - 0.5 \cos\left(2\pi \frac{n}{N}\right) \quad if \quad 0 \leq n \leq N-1$$

図 9.15 ハニング窓の形状と周波数特性

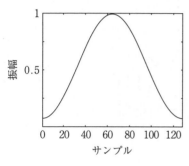 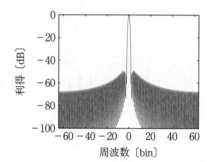

$$w_n = 0.54 - 0.46 \cos\left(2\pi \frac{n}{N}\right) \quad if \quad 0 \leq n \leq N-1$$

図 9.16 ハミング窓の形状と周波数特性

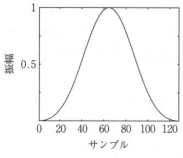 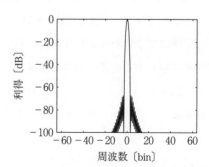

$$w_n = 0.42 - 0.5 \cos\left(2\pi \frac{n}{N}\right) + 0.08 \cos\left(4\pi \frac{n}{N}\right) \quad if \quad 0 \leq n \leq N-1$$

図 9.17 ブラックマン窓の形状と周波数特性

号の分析が可能である。

ハニング窓は時間領域では，$0 \leqq x \leqq 1$ のときに $w(x) = 0.5 - 0.5 \cos(2\pi x)$ であり，この区間以外ではゼロである。これを離散化表現すると，窓長が N 点の場合，$0 \leqq n \leqq N-1$ の区間において $w_n = 0.5 - 0.5 \cos\left(2\pi\dfrac{n}{N}\right)$ であり，それ以外の区間以外はゼロである。

これらの窓関数を使った離散フーリエ変換を使えば，ある時刻からある時刻までの任意の時間幅の信号を周波数分析することができる。この時刻をある時間間隔で変化させて周波数分析を繰り返すことを**時間周波数分析**という。時間周波数分析を行うと時間の変化に伴う周波数の変化をとらえることができる。

9.4 インパルス応答とたたみ込み演算

9.4.1 インパルス応答

スピーカから放射された音は耳に届くまでに，室の反射など空間の影響を受ける。ここで，放射された音が空間に伝わり始めるところを入力，空間を伝搬し終わって耳に届くところを出力と考え，入力と出力の間を**系（伝達系，システム）**という。この概念を図にすると**図 9.18** となる。系の特性は**インパルス**を入力に与えて計測でき，その出力を**インパルス応答**という。インパルスとは，時刻 0 のときにのみ時間幅が無限小で高さ無限大となり，その積は 1 となるが，それ以外の時刻ではつねに 0 となる理想的な信号である。理論上，インパルスは全周波数帯域に一様なエネルギーをもつため，すべての周波数での特性を一度に計測できる。インパルス応答をフーリエ変換して周波数領域で表現したものは**伝達関数**と呼ばれる。

この図に示すように，あるインパルス応答をもつ系に入力信号が加えられると，入力信号にインパルス応答が作用した出力が得られる。例えば，システムの特性にコンサートホールのインパルス応答を用い，無響室で収録した楽器音の信号を入力すると，出力ではそのホールの響きを伴った楽器音が再現される。

9. 音のディジタル信号処理

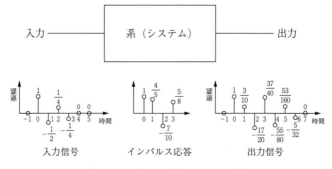

図 9.18 系への入力と出力の関係

では，入力信号とインパルス応答から出力信号を得るには，どのような計算が行われるのだろうか．それが次項で述べる**たたみ込み演算**である．

9.4.2 たたみ込み演算 （●9-D）

長さ l のインパルス応答 h_n をもつ系に，離散的な入力信号 x_n が加えられると，出力 y_n は，次式で与えられる．

$$y_n = \sum_{k=0}^{l-1} x_{n-k} h_k \tag{9.23}$$

これを**たたみ込み演算**という．前項で「入力信号にインパルス応答が作用した出力」と述べたが，正確には「入力信号にインパルス応答がたたみ込まれた出力」と表現する．

まず，入力がインパルスの場合を考えよう．前項で述べたように，インパルスとは，時刻 0 のときにのみ時間幅が無限小で高さ無限大となり，その積は 1 で，それ以外の時刻ではつねに 0 という信号である．これを離散化して考えると，インパルスは，$n=0$ のときに値 1 を取り，それ以外の場合には 0 となる信号となる．これを式 (9.23) に代入すれば，入力 x_n がインパルスである場合の出力は，確かにインパルス応答そのものとなることが簡単に理解できる．

次に，図 9.18 に示す場合について，式 (9.23) に示すたたみ込み演算で表される系の出力が，この図に示されるようになる様子を図 9.19 を用いて具体的に見てみよう．入力信号は**図 9.19** の行（a）に示されている $x_0, x_1, x_2, \cdots$ であ

9.4 インパルス応答とたたみ込み演算

る。この信号が，行（b）に示す，4点にのみ値をもつインパルス応答 h_0, h_1, h_2, h_3 をもつ系に入力されるとする。ここで考えている入力信号 x は時間が負の範囲では0であるので，時間0の時点で初めて x_0 が系に加えられる。すると，この系は，この時点以降，x_0 に対する出力を発生する。それは，図の行（0）に示すように，入力パルス x_0 にインパルス応答系列を乗じたものとな

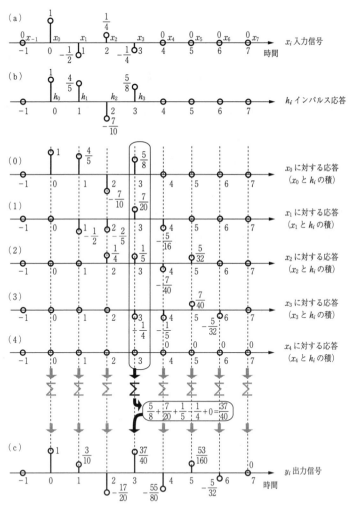

図 9.19 たたみ込み演算の実際（図9.18に示す場合を例として）

り，これが，時間 0～3 に出力として現れる。時刻 1 には x_1 が入力され，それに対する出力は同様に入力パルス x_1 をインパルス応答系列に乗じたものとなる。この出力は，入力 x_1 の時点以降に出力されるから，図の行（1）に示すように，先ほどの x_0 に対する出力より時間 1 だけ遅れ，時間 1～4 に出力として現れることになる。さらに，入力 x_2, x_3, x_4 に対する出力は，同様に，入力パルス x_2, x_3, x_4 それぞれをインパルス応答系列に乗じたものとなる。この様子を示したものが，行（2）～（4）である。

最終的な出力は，これらをすべて同じ時刻ごとに加算したものとなる。例えば，時間 3 における出力は，$x_0 h_3, x_1 h_2, x_2 h_1, x_3 h_0$ の和となる。これは，式 (9.23) において，$l=4$，$n=3$ とした，$y_3 = \sum_{k=0}^{3} x_{3-k} h_k$ に他ならない。その値は，図に示すように，$37/40$ となる。

以上の説明から，インパルス応答 h をもつ系に信号 x が入力された場合の出力が，式 (9.23) によって表現できることが理解できたであろう。このたたみ込み演算は，さまざまな信号処理の基礎となる重要な演算である。この式 (9.23) は，たたみ込み演算子 $*$ を用いて

$$y(n) = x * h \tag{9.24}$$

とも表す。

たたみ込み演算には，以下の性質がある。

分配律 　　　$f * (g + h) = (f * g) + (f * h)$ 　　　　　(9.25)

スカラー倍 　　$a(f * g) = (af) * g = f * (ag)$ 　　　　　(9.26)

また，たたみ込み演算は周波数領域では積で表すことができる。すなわち，次式のようになる。

$$F[f * g] = F[f] \cdot F[g] \tag{9.27}$$

ただし，$F[f]$ は信号（関数）f の離散フーリエ変換である。したがって，周波数領域での入力信号を X_k，周波数応答を H_k，出力信号を Y_k とすると，式 (9.23) は

$$Y_k = X_k \cdot H_k \tag{9.28}$$

となる。

インパルス応答の周波数領域での表現である伝達関数は，式 (9.28) より次式となる。

$$H_k = \frac{Y_k}{X_k} \tag{9.29}$$

すなわち，周波数領域での系の特性は，入力信号 x_n と出力信号 y_n を離散フーリエ変換し，周波数領域での出力信号 Y_k を入力信号 X_k で除算することで得られる。

9.5 ディジタルフィルタ

ディジタルフィルタは，抵抗やコンデンサなどを組み合わせるアナログフィルタに比べ，柔軟な周波数特性をもつフィルタを実現できる。さらに，複数のフィルタを実装する場合は，アナログフィルタでは個別に回路を準備する必要があるが，ディジタルフィルタでは 1 個の信号処理専用の LSI（**DSP**：digital signal processor）でさまざまな特性を実現することができる。そのため，現在では，音響分野においても広く利用されている。

9.5.1 非再帰型ディジタルフィルタ

よく用いられるディジタルフィルタの一つとして，有限の長さのインパルス応答（**FIR**：finite impulse response）を用いてフィルタリングする**非再帰型ディジタルフィルタ**がある（有限インパルス応答フィルタ，FIR フィルタとも呼ばれる）。非再帰型ディジタルフィルタでは，現在から過去にさかのぼった，ある決まった数の入力信号に，それぞれ対応するフィルタ係数を掛けて総和を求めることで出力を得る。この「ある決まった数」がフィルタの長さとなる。その長さを l とすると，現在の入力と，過去の $l-1$ サンプルを用いて信号処理を行うことになる。ここで，過去の k サンプル目の入力信号に対するフィルタ係数を b_k とすると，出力信号は次式 (9.30) で表すことができる。

$$y_n = b_0 x_n + b_1 x_{n-1} + \cdots + b_{l-1} x_{n-(l-1)} \tag{9.30}$$

228　9. 音のディジタル信号処理

　ディジタルフィルタは**図 9.20** に示す遅延素子，加算器，そして定数乗算器の組合せで実現される．遅延素子は過去のサンプルを用いるために，また定数乗算器はフィルタ係数の計算のために用いられる．これらを用いて，非再帰型ディジタルフィルタの式 (9.30) を図式化すると**図 9.21** となる．非再帰型ディジタルフィルタは出力が発散せず安定であるという大きな特徴をもつが，急峻なフィルタ特性を得るためには多くのフィルタ係数を必要とする．

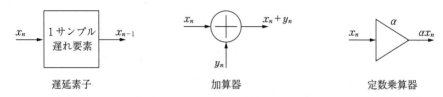

図 9.20　遅延素子，加算器，定数乗算器

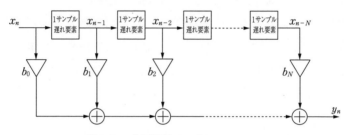

図 9.21　非再帰型ディジタルフィルタ

　ディジタルフィルタには**再帰型**（**IIR**：infinite impulse response）もある．再帰型でも，信号にフィルタ係数を掛け，それらの和が出力となるのは非再帰型と同様である．しかし再帰型ディジタルフィルタでは，過去の入力信号のみでなく，過去の出力信号も用いて演算を行う．このため，非再帰型ディジタルフィルタに比べ，少ない数のフィルタの係数で急峻なフィルタ特性が実現できるという特徴がある．一方，フィルタの設計次第では出力が発散して不安定になることがあるので，設計には細心の注意が必要となる．

9.5.2　**非再帰型ディジタルフィルタの実例**（🖫9-D）

　次に，簡単な非再帰型ディジタルフィルタの例を見てみよう．

$$y_n = b_0 x_n + b_1 x_{n-1} + b_2 x_{n-2} + b_3 x_{n-3}$$

$$= \frac{1}{4}x_n + \frac{1}{4}x_{n-1} + \frac{1}{4}x_{n-2} + \frac{1}{4}x_{n-3} \quad (9.31)$$

$$= \frac{1}{4}(x_n + x_{n-1} + x_{n-2} + x_{n-3})$$

このディジタルフィルタでは，現在の入力と過去の3サンプル，計4サンプルにフィルタ係数を掛けて出力を得ている。またこのフィルタでは，すべてのフィルタ係数が同じ値となっているため，出力は入力4点の移動平均処理になっていることがわかる。

このディジタルフィルタの周波数特性を，標本化周波数 f_s〔Hz〕として計算したものが**図9.22**である。この図から，このフィルタは，低い周波数帯域の信号はほぼそのまま通過させ，高い周波数帯域の信号は減衰させる周波数特性を持っていることがわかる。これは，移動平均が，データの細かな凸凹を滑らかにする処理であることを考えると理解できる。

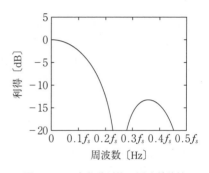

図9.22 4点移動平均の周波数特性

さらに勉強したい人のために

1) 日本音響学会編：ディジタルフーリエ解析（Ⅰ），（Ⅱ），コロナ社（2007）
2) 日本音響学会編：基礎音響学，コロナ社（2019）
3) 日本音響学会編：電気音響，コロナ社（2020）

付　　　録

1.　対数とデシベル

1.1　対　数　と　は

　対数とは，もともと，天文学で出てくるように桁数のとても多い大きな数，あるいは小数点の後ろにいくつも零が続くような小さな数の取扱いを便利にするために考案されたといわれている。その基本的な考え方は，ある数が基本となる数（例えば 10）の何乗であるかによって表すというものである。

　例えば基本となる数が 10 の場合を考えよう（この基本の数を<ruby>底<rt>てい</rt></ruby>という）。通常の数の表現で 1 000 は 10 の 3 乗である。したがって，底 10 である対数で 1 000 を表すと 3 となる。また，0.000 1 は 10^{-4} であるので，その対数（底が 10 の場合）は -4 となる。すなわち，底が 10 の場合，$x = 10^y$ であるような数 x の対数は y となる。一般に底を a とした場合には，対数を表す関数記号 log を用いて次のように書く。

　　　　一般の数表現　$x = a^y$　　$\longleftrightarrow$　　対数表現　$\log_a x = y$

　また，特に底が 10 である場合（上の式で，$a = 10$ の場合）には，log の右下の a は省略できるとされているため，

　　　　一般の数表現　$x = 10^y$　　$\longleftrightarrow$　　対数表現　$\log x = y$

　と書ける。これを**常用対数**という。y は整数とは限らず，実数でよい。例えば，$y = 0.5$ であれば，$10^{0.5} = 3.16\cdots$ なので，$\log 3.16 \cong y$ あるいは書く順序を逆にして，$y \cong \log 3.16$ と書けることになる。

　このように，対数はべき乗を基本としているので，次のような関係（公式）が成り立つ。

　　　　$\log(x \cdot y) = \log x + \log y$

　　　　$\log(x / y) = \log x - \log y$

すなわち，通常の数表現では乗除算で表される関係が，加減算で表現できる。また，次の公式も覚えておくと便利である。

　　　　$\log x^y = y \log x$

1.2　デ　シ　ベ　ル

　以上の考え方は，音響装置のように，音がマイクロフォンに入り，ミキサやアンプなど，何段もの装置を用いて次々と大きく（増幅）したり，逆に小さく（減衰）

1. 対 数 と デ シ ベ ル　　231

させたりするときに，もとの信号が最終的にどのような大きさになったかを，乗除算ではなく，加減算で計算できることになり，実用上，大変便利である。

そこで，あるシステム（装置）への入力のパワーが増幅（あるいは減衰）によってどのように変化したかの程度を対数を用いて表示することが広く行われている。例えば，入力パワーが P_1，出力パワーが P_2 である場合

$$L = \log_{10}\left(\frac{P_2}{P_1}\right)$$

と表すのである。このようにパワーなどを対数化したものを**レベル**という。単位は電話の発明者とされるベルにちなんで **B（ベル）**である。したがって，例えばあるシステムの増幅度（通常，利得という）が 2B（ベル）であるとは，通常の数表現では 100 倍に増幅することを示す。

通常は，この B（ベル）のままだと数字がやや小さすぎて（いいかえると単位として粗すぎて）不便なため，メートル法で 1/10 を表す補助単位 d（デシ，デシリットルのデシと同じ）を用いて

$$L = 10 \log_{10}\left(\frac{P_2}{P_1}\right)$$

と表す。単位は **dB（デシベル）**である。デシベルを用いると，日常用いる値はおおむね ±100 程度に収まり便利なのである。

付表 1.1 は，レベル化（dB 化）された値と，通常の数表現（パワーの比）換算表である。$\log_{10} 2 = 0.301\,0\cdots$ であることから，パワー比 2 倍と 3 dB がおおむね対応していることや，パワー比 6 倍は，$6 = 2 \times 3$ であることから，dB 値はパワー比 2 と 3 に対応する値の足し算，すなわち 3.01 dB と 4.47 dB の和で 7.78 dB になることなどが見て取れよう。

付表 1.1　レベル化された値と，通常の数表現（パワーの比）換算表

（a）　整数の dB 値に対するパワー比

レベル〔dB〕	0	1	2	3	4	5	6	7	8	9	10
パワー比	1.00	1.26	1.59	2.00	2.51	3.16	3.98	5.01	6.31	7.94	10.0

（b）　整数のパワー比に対する dB 値

パワー比	1	2	3	4	5	6	7	8	9	10	100
レベル〔dB〕	0.00	3.01	4.77	6.02	6.99	7.78	8.45	9.03	9.54	10.0	20.0

232   付   録

付図 1.1 は，プリアンプ，減衰器，パワーアンプの 3 種の装置からなる増幅システムのブロック図である。パワーの増幅度が，それぞれ，50，1/10，40 倍の場合，総合的な増幅度はこれらの積で 200 倍となる。一方，レベル（dB）で考えると，それぞれ，約 17，－10，約 16 dB となり，システムとしての総合利得は，これらの和で 23 dB となる。この場合には，単純な数字であるため，乗算も簡単であるが，一般にはより複雑な増幅度をもつと考えられるから，dB（レベル）化し加算で計算できる実用上のメリットはきわめて大きい。

入力	プリアンプ		減衰器		パワーアンプ		
出力	→ 50 倍に増幅	→	1/10 に減衰	→	40 倍に増幅 →		200 倍
概算 dB 値	17	+	－10	+	16	=	23 dB

付図 1.1 3 種の装置からなるシステムの総合的増幅度（利得）の計算例

なお，電気回路で，負荷抵抗 R に電源電圧を V を加え，電流が I であるとき，R によって消費される電力（パワー）P は，次式のように電流の 2 乗に比例する。

$$P = VI = I^2 R = \frac{V^2}{R}$$

音波の場合にも，音波が伝搬する媒質の抵抗としての性質（比音響インピーダンスという）が一定であれば，音響的なパワーを表す音の強さは，音圧の 2 乗に比例する（1.4.1 項参照）。そのため，このような場合には，例えば，音圧を p とすると

$$L = 10 \log_{10} \left(\frac{p_2}{p_1} \right)^2$$

と，パワーに変えて音圧の 2 乗で dB 値（レベル）を計算することが広く行われており，これは実用上許される計算法である。この式と付表 1.1 を見比べて考えれば，例えば音圧が 2 倍になると，レベルは約 6 dB 高くなることになることが理解できるであろう。また，電子回路などの設計では，さらに，負荷抵抗が違う場合でも，電圧や電流の 2 乗に対して dB を計算することが珍しくない。しかし，これは，本来パワーの比で定義された dB の考え方からは逸脱したもので，使用に際しては細心の注意が必要である。

なお，dB は比に基づいて計算しているため，無次元の量である。また，比というものの性格から，例えばアンプの利得のように，入力が何ボルトであっても一定の量，つまり入力には依存しない相対的な値を与えることが，もともとの役割である。しかし，音の強さのレベルでは 1 pW，電気信号のレベルでは 1 mW というように，ある絶対基準値を定めることにより，dB 値を物理量と直接結びつけた絶対単位とし

て用いることも広く行われている。

このように，dB 値をある特定の物理量と結びつけて表現する場合，音圧レベルであれば dBSPL，A 特性音圧レベル（騒音レベル）であれば dBA というように，補助的な記号を付して単位とすることがときどきみられる。しかし，dB 本来の意味に照らし，ISO や JIS では，このような表現法は正しくないとされ，どの場合も単に dB を用いるものとされている。

2. 三角関数，弧度法，複素数

2.1 三角比と三角関数

本文でも述べたとおり，音は空気の波である。そして波を数学で扱うときに不可欠なのが，**三角関数**である。

三角関数の基礎になるのは**三角比**である。そこで，まず三角比とは何かをみてみよう。

付図 2.1 の左側に示すような直角三角形を考えよう。どのような直角三角形についても，その長辺を直径とし，直角（この場合には∠a）の頂点 a で接する半円を描くことができる。その様子が図の右側である。

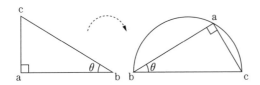

付図 2.1　三角比の説明図

このとき，∠b＝θ に対する三角比は，次のように定められる。

まず，∠b に正対する弧 $\overset{\frown}{ac}$ に張られる弦 $\overline{ac}$ と，円の直径，すなわち直角三角形の長辺 $\overline{bc}$ との比を正弦（sin）と呼ぶ。したがって，$\sin\theta = \dfrac{\overline{ac}}{\overline{bc}}$ である。また，半円弧のうち，弧 $\overset{\frown}{ab}$ の余った部分の弧 $\overset{\frown}{ab}$ に張られる弦 $\overline{ab}$ と，直角三角形の長辺 $\overline{bc}$ との の比を余弦（cos）と呼ぶ。したがって，$\cos\theta = \dfrac{\overline{ab}}{\overline{bc}}$ と書ける。ここで，co は，補う，余るという意味の接頭辞である。

以上が，古典的な考えに基づく三角比の説明となる。

しかし，現在では，以下に述べるように，直角三角形の長辺の長さを 1 とし，これを半径とする円を考え，これと関係づけて sin, cos を理解することが広く行われている。この方が，フーリエ変換や，それに基づく波形の解析などにきわめて便利だからである。

そこで，付図2.1を，直角三角形の斜辺の長さを1とし，斜辺と底辺のなす角がθとなるように書き換える。これを**付図2.2**に示す。こうすると，底辺の長さが$\cos\theta$，高さが$\sin\theta$となる。

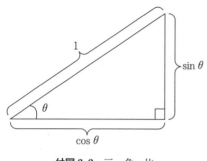

付図2.2 三 角 比

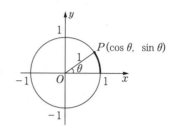

付図2.3 単位円と三角関数（円関数）

そのうえで，これを半径1の円に当てはめる。その様子を**付図2.3**に示す。原点を中心とした半径1の円を**単位円**と呼ぶ。単位円の上に点Pをとり，OPとx軸のなす角度をθとするとき，点Pの座標は$(\cos\theta, \sin\theta)$となる。ここで，$\sin\theta$や$\cos\theta$を角度θの関数とみなし，これらの関数を三角関数と呼ぶ。また，このように$\sin$と$\cos$を用いることで単位円の周上の座標が与えられることから，これらの関数は円関数とも呼ばれる。

2.2 波と弧度法

ここで角度θの表し方について説明する。通常の角度の表現では，一周を360°とする角度を使う。だが，この角度の表し方だと，微分や積分など数学的な処理をするときの扱いが煩雑になる。そこで，角度を表現するのに，その角度に対応する単位円上の弧の長さ（付図2.3の太線）を使う。このような角度の表現法を**弧度法**（単位はラジアン〔rad〕）と呼ぶ。弧度法では，一周が2π，半周がπ，直角が$\pi/2$となる。

単位円上の点が反時計回りに回転しているとき，ある角度θでのx座標が$\cos\theta$，y座標が$\sin\theta$となる。これを**付図2.4**に示す。図に示したように，$\cos\theta$と$\sin\theta$は全体としては同じ形であり，周期的な波の形をしている。

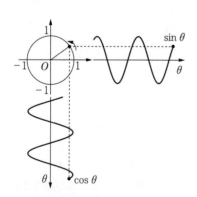

付図2.4 $\sin\theta$と$\cos\theta$

波を数学的に扱うとき,三角関数を使って表現するのが基本である。周波数 f 〔Hz〕で振動する点があるとき,その変位 $x(t)$ は

$$x(t) = A\cos(2\pi ft + \varphi) = A\cos(\omega t + \varphi)$$

と表すことができる。ただし t は時間〔s〕,φ は初期位相〔rad〕,A は振幅である。また,$\omega = 2\pi f$〔rad/s〕を**角周波数**と呼ぶ。

2.3 波と複素数

波の計算をする場合,上記のように三角関数を使って計算をすることもできるが,**複素数**を使うとより簡潔に計算が可能になる。

複素数は,通常の数(**実数**)に,**虚数単位** i を用いて構成される数である。ここで i は $i^2 = -1$ となる数である。一般の複素数は,a, b を実数とするとき,$a + ib$ と表すことができる。(a, b) を 2 次元の座標とみなすと,一つの複素数を,平面上の点だと考えることができる。このときの平面を複素平面という。

ここで,複素数の指数関数と三角関数とは,次のように対応付けられることが知られている。これを**オイラーの公式**という。

$$e^{i\theta} = \exp(i\theta) = \cos\theta + i\sin\theta$$

ただし e は自然対数の底 ($e = 2.71828\cdots$) である。この様子を**付図 2.5** に示す。この図から,$\exp(i\theta)$ という一つの複素数が,角度 θ に対応する単位円上の座標に対応することがわかる。

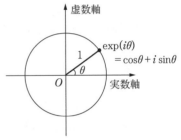

付図 2.5 複素平面,複素指数関数と三角関数

そこで,振幅 A,角周波数 ω,初期位相 φ の波があるとき,その波を

$$x(t) = A\exp(i(\omega t + \varphi))$$

と表せば,$x(t)$ の実数部が実際の変位を表すことになる。

3. 微 分 積 分

3.1 微　　　分

時間 $t = t_1$ のとき位置 $u = u_1$ にあったものが時間 t_2 のとき位置 u_2 に移動したとすると,その間の平均の移動速度 v は

$$v = \frac{u_2 - u_1}{t_2 - t_1} \tag{付3.1}$$

と計算される。ここで時間間隔 $t_2 - t_1$ を限りなく 0 に近づければ,式(付3.1)はそ

236 付　　　　　録

の瞬間の速度を表していると考えられる。このことを，変数 u を変数 t で**微分**すると v が求まるといい

$$v = \frac{du}{dt} \qquad (\text{付} 3.2)$$

と表記する。これは位置 u の時間微分が速度 v であることを意味している。また，加速度 a は速度の時間変化を表していることから，速度を時間で微分すれば加速度が求まる。すなわち，位置を時間で微分することを2回行えば加速度を計算できる。これを

$$a = \frac{d^2 u}{dt^2} \qquad (\text{付} 3.3)$$

と書く。

　より一般的には，微分操作は変化率を求める計算であるということができる。また，変化率は関数の傾きととらえることもできるので，微分計算により関数の傾きがわかることになる。例えば，x^2 の x に関する微分は $2x$ であり，これは，関数 x^2 において，$x = -2$ のときの傾きが $2x = 2 \times (-2) = -4$，$x = 3$ のときは $2x = 2 \times 3 = 6$ というように計算できることを示している。いくつかの関数の微分がどのようになるかを**付表 3.1** に示す。

　この公式を使った計算例を示そう。8章で述べたように，振動変位 $u = A \sin(\omega t)$ を時間 t で微分して速度 v を計算すると，公式 (7) を用いて，$v = \omega A \cos(\omega t)$ となる。さらに時間で微分を行って加速度を求めると，公式 (8) を用いて，$a = -\omega^2 A \sin(\omega t)$ となる。

付表 3.1　微分の公式

	元の関数	x に関する微分
(1)	x^n	nx^{n-1}
(2)	$\sin x$	$\cos x$
(3)	$\cos x$	$-\sin x$
(4)	$\tan x$	$1/\cos^2 x$
(5)	e^x	e^x
(6)	$\log x$	$1/x$
(7)	$\sin ax$	$a \cos ax$
(8)	$\cos ax$	$-a \sin ax$

3. 微 分 積 分 　 237

また, 一般に, 関数には多数の変数が含まれる場合がある。そこで, どの変数について微分を行うのかを指定して行う微分を特に**偏微分**と呼んでいる。これを式 (付3.2) のかわりに

$$v = \frac{\partial u}{\partial t} \tag{付3.4}$$

と記号 ∂ を用いて表記する。例えば, $z = 2x^3y^2$ であれば, 公式 (1) を用いて

$$\frac{\partial z}{\partial x} = 6x^2y^2, \quad \frac{\partial z}{\partial y} = 4x^3y$$

となる。このように, 微分に関わらない変数は定数とみなして計算する。音場は場所と時間の関数であるので, 音の波動方程式は偏微分を使った偏微分方程式となっている (8.6節参照)。

3.2 積 　 　 　 分

積分は微分と対を成す演算であり, 微分と逆の操作である。速度は変位の時間に関する微分であったので, 変位は速度の時間に関する積分で求められる。また, 速度は加速度の時間積分で計算できる。

積分演算の例を示そう。積分は微分の逆演算であるから, x の x に関する積分は $\frac{1}{2}x^2$ であり, x^2 の x に関する積分は $\frac{1}{3}x^3$ である。x^n の微分が nx^{n-1} であることを考えると, x^n の x に関する積分は $\frac{1}{n+1}x^{n+1}$ となる。これを

$$\int x^n dx = \frac{1}{n+1}x^{n+1} \tag{付3.5}$$

と書く。他の関数に関する積分は付表3.1を逆向きに参照すればよい。つまり, 右の欄を元の関数と読み替えれば, 左の欄がその関数の x に関する積分を表す。

コラム8.1で述べたばねの問題を積分を用いて計算してみよう。ばねを自由長 ($x = 0$) から x_1 だけ縮めるのに必要な仕事 U を求める。ばね定数 k のばねを x だけ縮めるのに必要な力 F は, $F = kx$ である (フックの法則)。このばねをさらにほんの少し Δx だけ縮めるのには $F\Delta x = kx\Delta x$ の仕事を行う必要がある。縮み量が 0 から x_1 になるまでこれを繰り返し行って, この仕事をすべて足し合わせると U が得られる。この操作を積分記号を使って

$$U = \int_0^{x_1} F dx \tag{付3.6}$$

と書く。このように x の範囲を決めて具体的な値を求める積分を**定積分**という。式

(付 3.6) の定積分は

$$\int_0^{x_1} F dx = \left[\frac{1}{2}kx^2\right]_0^{x_1} = \frac{1}{2}kx_1^2 - \frac{1}{2}k0^2 = \frac{1}{2}kx_1^2 \tag{付 3.7}$$

と計算される。これは，この定積分（仕事 U）が，F の x に関する積分に $x=x_1$ を代入した値から $x=0$ を代入した値を引き算することにより得られることを示している。コラム 8.1 で述べたように，この定積分は，**付図 3.1** のように，$F=kx$ の直線と x 軸で挟まれる部分の面積を与える。

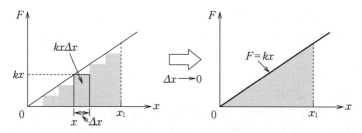

付図 3.1 $F=kx$ の 0 から x_1 までの定積分

索　　引

〔あ〕

アクティブノイズ
　コントロール　69, 142
圧　電　151
　——効果　51, 149
　——スピーカ　59
　——素子　51, 59, 153, 156,
　　　　　166, 168, 169
　——マイクロフォン　51
厚み振動　149, 153
アナログ　206
　——・ディジタル変換　206
アノイアンス　131
アポダイズ　165
アレイ　71, 157
アンビソニックス　65

〔い〕

異　音　80
位　相　172, 176, 234
　——固定　30, 33
　——反転型エンクロージャ
　　　63
位置エネルギー　173
インパルス　222
　——応答
　　　125, 129, 131, 222
韻　律　80, 99

〔う〕

渦　109, 196
ウーファ　62
運動エネルギー　173

〔え〕

エイリアシング　208
エレクトレット　50

〔お〕

オイラーの公式　213, 235
オクターブ　18, 39, 40, 105,
　　　　　106, 107
オクターブバンド　129
　——フィルタ　18, 19
　——分析　134, 136
音の大きさ　19, 36, 131
音の高さ　34, 36, 39
音の強さ　10, 189, 194
音の強さのレベル　13
折り返し歪み　208
音　圧　9, 182, 188, 203
　——レベル　14, 21, 131,
　　　　　133, 232
音　韻　80, 95, 97
　——修復　98
音楽音響　7, 102
音楽情報処理　113
音楽の符号化　117
音響インテンシティ　189
音響インピーダンス　188
音響化学　160
音響学　2
音響管　79
音響管モデル　76
音響光学変調器　169
音響障害　127, 128
音響放射力　160
音響流　161
音　源　9
音　声　7, 75
　——合成　88, 115
　——対話システム　93
　——知覚　94
　——認識　90, 115
　——翻訳　94
音　節　81
音　素　81

音像定位　26, 66, 67
音　速　10, 147, 155, 180,
　　　　　183, 186, 188
音　波　9, 181, 185
音　脈　43
音　律　104

〔か〕

開音節　81
外　耳　27
回　折　12, 196
外有毛細胞　30, 45, 64
海洋音響　154
　——トモグラフィ　154
蝸　牛　29
　——神経核　27, 31, 34
下　丘　27, 36
拡　散　124, 127
カクテルパーティ効果　42
隠れマルコフモデル　91, 92
加速度　235
可聴周波数　15, 61, 119
楽　器　108
角周波数　234
感音性難聴　31, 44
管楽器　76, 108, 109

〔き〕

基　音　103
基底膜　29
基本周波数　16, 77, 103, 115
基本波　16, 103, 212
逆2乗則　12
キャビテーション　160
吸　音　12, 123, 130
　——材　129, 130
　——率　12, 123, 130, 191
　——力　124, 131
吸収減衰　193
球面波　12, 193

240　索　　　引

境界音場制御法	65, 68
共　振	27, 63, 78, 109, 113,
	148, 149, 175, 202
共振周波数	175, 181
共　鳴	27, 202
協和度	103
距離減衰	12, 193

〔く〕

屈　折	191

〔け〕

ケプストラム	91, 116
弦	201
弦楽器	108, 109
言語情報	95
減　衰	11
——振動	172, 176
建築音響	8, 143

〔こ〕

5.1チャネルサラウンド	
	66, 119
コインシデンス効果	
	138, 193
高速フーリエ変換	6, 218
高調波	16, 113, 148, 211
高能率符号化	118
固体音	139
固体の振動	203
弧度法	172, 234
コーパス	90, 94
固有周波数	128, 175
固有モード	128, 203
混合性難聴	44
コンデンサスピーカ	58
コンデンサマイクロフォン	
	50

〔さ〕

最小可聴値	14, 37
サイドローブ	73, 221
三角関数	233
残　響	123
——時間	123, 125, 130
——室	130
サンプリング	82, 117, 206
——周波数	119, 206
散　乱	159

〔し〕

子　音	76, 80, 95
時間領域	215
刺激後時間	32
指向性	54, 195
指向特性	54
耳小骨	28
質量則	137
時定数	134, 178
自動採譜	115
遮　音	137
自由音場	130
周　期	15, 171, 178
——音	16, 110
周波数	10, 15, 147, 157,
	170, 181, 207, 235
——成分	16, 212
——領域	216, 223, 227
純　音	15
純正律	106
上オリーブ複合体	27, 31, 35
初期反射音	129
進行波	32, 167, 187
シンセサイザ	87, 109, 114
振動子	149, 176
振動モード	149

〔す〕

スコーカ	62
ステレオ	66, 117, 119
スピーカ	57, 177
スピーカエンクロージャ	62
スペクトル	16, 214
周波数——	16, 19, 25, 79,
	97, 101, 110,
	116, 208, 215
パワー——	16, 214
ずれ変形	149, 198

〔せ〕

正弦波	15, 172, 211
声　帯	75, 99, 100
——音源波	75, 100
声　調	80
声　道	76, 79, 100
積　分	237
全　音	105
線形予測	86

線形量子化	83, 117
先行音効果	129
セント	107

〔そ〕

騒　音	7, 20, 131
——計	133
——性難聴	64, 141
——の分類	133
——レベル	21, 132, 134,
	233
速　度	235
ソーナ	154
素片接続合成	89
疎密波	10, 179, 182

〔た〕

対　数	230
——量子化	83
ダイナミックスピーカ	57
ダイナミックマイクロフォン	
	48
ダイナミックレンジ	54, 120
大　脳	36
打楽器	109
たたみ込み演算	166, 224
縦　波	146, 157, 179,
	193, 197, 199
ダミーヘッド	67
たわみ振動	150, 167, 200
たわみ波	157, 193, 200, 201
単位円	217, 233
単音節明瞭度	95
弾　性	171
——波	146
——表面波	2, 146, 147,
	151, 194
——表面波フィルタ	165

〔ち〕

中　耳	26, 28
中　脳	31
調　音	76
——器官	97
超音波	3, 7, 119, 146,
	177, 184, 194
——トランスデューサ	148
——モータ	167
聴　覚	7, 22

索　　　　引　　241

──域値	14, 37	トノトピー	31, 34	非線形量子化	83
──フィルタ	38	ドラッグデリバリー	164	歪　み	58
──野	27, 36	トランスオーラル	68	ピタゴラス律	105
聴神経	31	トランスデューサ		ピッチ	15, 34, 36, 39, 41
調波構造	16, 110, 116		148, 153, 156	響　き	104, 122, 129
調波複合音	103, 110	〔な〕		微　分	185, 235
張　力	104, 201			標本化	82, 206
直接音	122, 125, 129	ナイキスト周波数	208	──周波数	206
〔つ〕		内　耳	27, 28	──定理	208
		内側膝状体	27, 36	表面波	151, 157
ツイータ	62	内有毛細胞	30	ピンクノイズ	19
〔て〕		難　聴	44	〔ふ〕	
		〔ね〕			
定在波	113, 168, 190, 201			フィルタ	18
ディジタル	206	音　色	36, 41, 112	笛	109, 196
──・アナログ変換	210	〔の〕		フェーズドアレイ	157
──信号処理	206			フォルマント	79, 96, 97, 100
──フィルタ	227	ノイジネス	131	──合成	89
定常状態	124	脳　幹	31	──周波数	79
定常波	190	能動騒音制御	69, 142	不協和度	103
適応フィルタ	69	の　ど	60	複素数	213, 235
デコーダ	90	〔は〕		符号化	82, 117
デシベル	13, 231			フーリエ級数	211
デルタ・シグマ変調	119,	倍　音	16, 103, 113	フーリエ係数	212
	209	媒　質	9, 146, 171, 178, 181	フーリエ変換	5, 6, 17, 211,
点音源	11, 194	バイノーラル	68		223, 233
伝音性難聴	29, 44	波　数	186, 188	〔へ〕	
電気音響	7	バスレフ型エンクロージャ			
──変換	47, 57		63	閉音節	81
電子楽器	109, 114	波　長	10, 179	平均律	107
伝達関数	223, 227	波動方程式	162, 185, 186	平面波	10, 12, 192
〔と〕		波面合成法	65, 68	ヘッドフォン	63
		パラ言語情報	95, 99	偏微分	186, 237
透　過	137, 190	パラメトリックスピーカ	162	〔ほ〕	
──係数	190	半　音	106, 107		
等価矩形帯域幅	38	反　射	12, 122, 129	ボイスコイル	48
等価騒音レベル	134, 141	──音	12, 122, 126, 129	ホイヘンスの原理	70
透過損失	137	──係数	190	母　音	76, 80, 95
透過率	137, 191	──波	189	方向定位	26, 35
動電型マイクロフォン	48	──率	12, 190	ボコーダ	87, 115
頭部伝達関数	24, 26, 68	半母音	80, 95	補聴器	45, 144
等ラウドネスレベル曲線		〔ひ〕		ホワイトノイズ	19
	19, 37			ホン	21
特性音響インピーダンス		ピエゾ効果	51, 149	ホーンスピーカ	60
	10, 188	比音響インピーダンス	10,	〔ま〕	
特徴周波数	31		14, 187		
特徴量	40, 91, 97	光マイクロフォン	52	マイクロフォン	47, 177, 182
ドップラ効果		非言語情報	95, 99	──アレイ技術	71
	153, 156, 158	非線形	148, 162, 166, 184	マガーク効果	98

マグネティックスピーカ	58	
膜の振動	202	
マスキング	37, 118	
マスキング量	38	
窓掛け処理	220	
窓関数	219	
マルチウェイスピーカ	61	

〔む〕

無響室　　　　　　　　130
無声子音　　　　　　　 76

〔め〕

明瞭度　　　　　　　　 95
メインローブ　　　73, 221
メ　ル　　　　　　 40, 91

〔も〕

モード　　　　113, 128,
　　　　　147, 149, 203
──変換　　　147, 193

モノフォニック　65, 66, 119
モノラル　　　　　　　 65
モーラ　　　　　　　　 81

〔ゆ〕

有声子音　　　　　　　 76
有毛細胞　　　　　　30, 64
床衝撃音　133, 136, 139, 141

〔よ〕

横　波　146, 157, 193, 197,
　　　　　　　　　　 198

〔ら〕

ラウドネス　　　　19, 36,
　　　　　41, 45, 131
──レベル　　　　　 20
ラジアン　　　　　　 234

〔り〕

離散フーリエ変換　210, 216

粒子速度　　9, 182, 188, 189
了解度　　　　　83, 95, 99
量子化　　　　82, 118, 206
──誤差　　　　85, 207
──雑音　　　　　207
両耳間強度差　　　　　 23
両耳間時間差　　　　24, 25
臨界帯域　　　　　　　 38

〔れ〕

レイリー波　　　2, 193, 201
レベル　　　　　　13, 231

〔ろ〕

録音合成　　　　　　　 89

〔わ〕

和　音　　　　　106, 116

〔A〕

AAC　　　　　　　　118
acoustics　　　　　　　 2
ADPCM　　　　　　　84
A-D 変換　　　　　　206
ANC　　　　　　69, 142
A周波数重み付け　　　 21
A特性　　　　　21, 134
──音圧レベル　21, 132,
　　　　　134, 233

〔B〕

BoSC 法　　　　　65, 68

〔C〕

CD　　　　　　　　116

〔D〕

D-A 変換　　　　　　209
dB　　　　　　　13, 231

〔E〕

ERB　　　　　　　　39

〔F〕

FFT　　　　　　6, 218
FIR　　　　　　　227

〔H〕

HIFU　　　　　　　164
HMM　　　　90, 91, 92
──音声合成　　　 90
HRTF　　　　　24, 67

〔I〕

IDT　　　　　151, 164
IIR　　　　　　　228
ILD　　　　　　　23
ITD　　　　　　　24

〔M〕

mel　　　　　　　　40

MEMS　　　51, 152, 166
MFCC　　　　　　　91
MP3　　　　　　38, 118

〔P〕

PCM　　　　　82, 206
P 波　　　　　　　199

〔Q〕

Q（Q値）　　32, 165, 176

〔S〕

SAW　　　　　　　147
──フィルタ　　　165
S 波　　　　　　　199

〔W〕

WFS 法　　　　　65, 68

―― 著者略歴 ――

鈴木　陽一（すずき　よういち）
東北大学名誉教授，東北文化学園大学教授　工博　聴覚過程とそれに基づく音信号処理の研究に従事。日本音響学会元会長。著書に「聴覚モデル」（コロナ社，共著）など。

伊藤　彰則（いとう　あきのり）
東北大学教授　工博　音声言語処理，音楽情報処理などの研究に従事。著書に「音声認識システム」（オーム社，共著）など。

苣木　禎史（ちさき　よしふみ）
千葉工業大学教授　博士（工学）音響信号処理の研究に従事。著書に「電気音響」（コロナ社，編著）など。

赤木　正人（あかぎ　まさと）
北陸先端科学技術大学院大学名誉教授　工博　音声・聴覚とそのモデル化の研究に従事。著書に「音のなんでも小辞典」（講談社，共著）など。

佐藤　洋（さとう　ひろし）
産業技術総合研究所副領域長　博士（工学）建築音響，騒音制御，福祉音響の研究に従事。

中村　健太郎（なかむら　けんたろう）
東京科学大学教授　博士（工学）超音波工学の研究に従事。著書に「音のなんでも小辞典」（講談社，共著）など。日本音響学会理事。

音響学入門
Introduction to Acoustics

Ⓒ 一般社団法人　日本音響学会 2011

2011 年 3 月 23 日　初版第 1 刷発行（CD-ROM 付）
2025 年 3 月 20 日　初版第 13 刷発行

検印省略	編　者	一般社団法人　日本音響学会
	発行者	株式会社　コロナ社
	代表者	牛来真也
	印刷所	萩原印刷株式会社
	製本所	有限会社　愛千製本所

112-0011　東京都文京区千石 4-46-10
発行所　株式会社　コロナ社
CORONA PUBLISHING CO., LTD.
Tokyo Japan
振替 00140-8-14844・電話 (03)3941-3131(代)
ホームページ https://www.coronasha.co.jp

ISBN 978-4-339-01312-2　C3355　Printed in Japan　　　（吉原）

本書のコピー，スキャン，デジタル化等の無断複製・転載は著作権法上での例外を除き禁じられています。購入者以外の第三者による本書の電子データ化及び電子書籍化は，いかなる場合も認めていません。
落丁・乱丁はお取替えいたします。

音響学講座

(各巻A5判)

■日本音響学会編

	配本順						頁	本体
1.	(1回)	基 礎 音 響 学			安 藤 彰 男編著		256	3500円
2.	(3回)	電 気 音 響			苣 木 禎 史編著		286	3800円
3.	(2回)	建 築 音 響			阪 上 公 博編著		222	3100円
4.	(4回)	騒 音 ・ 振 動			山 本 貢 平編著		352	4800円
5.	(5回)	聴 覚			古 川 茂 人編著		330	4500円
6.	(7回)	音 声 (上)			滝 口 哲 也編著		324	4400円
7.	(9回)	音 声 (下)			岩 野 公 司編著		208	3100円
8.	(8回)	超 音 波			渡 辺 好 章編著		264	4000円
9.	(10回)	音 楽 音 響			亀 川 徹編著		316	4700円
10.	(6回)	音 響 学 の 展 開			安 藤 彰 男編著		304	4200円

音響入門シリーズ

(各巻A5判, ○はCD-ROM付き, ☆はWeb資料あり, 欠番は品切です)

■日本音響学会編

		配本順				頁	本体
☆	A-1	(4回)	音 響 学 入 門	鈴木・赤木・伊藤 佐藤・苣木・中村共著		256	3200円
○	A-2	(3回)	音 の 物 理	東 山 三樹夫著		208	2800円
○	A-4	(7回)	音 と 生 活	橘・田中・上野 横山・船場共著		192	2600円
☆	A-5	(9回)	楽 器 の 音	柳 田 益 造編著 高橋・西口・若槻共著		252	3900円
○	B-1	(1回)	ディジタルフーリエ解析(I) ―基礎編―	城 戸 健 一著		240	3400円
○	B-2	(2回)	ディジタルフーリエ解析(II) ―上級編―	城 戸 健 一著		220	3200円
☆	B-4	(8回)	ディジタル音響信号処理入門 ―Pythonによる自主演習―	小 澤 賢 司著		158	2300円

(注：Aは音響学にかかわる分野・事象解説の内容，Bは音響学的な方法にかかわる内容です)

定価は本体価格+税です。
定価は変更されることがありますのでご了承下さい。

図書目録進呈◆